旱寒区渠道衬砌冻胀破坏防控理论与技术创新

西北农林科技大学旱区寒区水工程安全研究中心　　著
王正中　　江浩源　　刘铨鸿　　王　羿

中国水利水电出版社
www.waterpub.com.cn
·北京·

内 容 提 要

本书以渠道防渗衬砌冻胀破坏为主题,系统阐述了旱寒区输水渠道防渗衬砌冻胀破坏防控创新的理论体系、设计体系和技术体系。本书共分为7章内容,分别从试验研究、理论分析、设计方法、防控技术和工程应用等方面介绍了旱寒区渠道衬砌冻胀破坏防控所需解决的关键科学和技术问题。

第1章归纳总结了渠道冻胀破坏的主要破坏形式,明确了渠道冻胀破坏的主要影响因素;第2章介绍了渠道冻胀破坏的相关室内试验,包括冻土的力学本构模型和冻胀模型试验、渠道冻胀破坏室内模型试验及冻土的湿干冻融强度劣化试验;第3章、第4章介绍了渠道冻胀破坏的工程力学模型和水-热-力耦合冻胀数值模型,建立了渠道冻胀破坏的定量设计方法;第5章从冻土与衬砌相互作用的力学机制与变化规律及调控原理入手,提出了渠道"自适应"衬砌结构通用防冻胀技术;第6章从工程建设需求出发,介绍了渠道机械化快速施工装备与技术体系;第7章主要介绍了上述技术在工程实践中的应用。

本书可供从事冻土地区渠系工程及土建工程的科技人员参考,亦适合高等院校、科研机构的相关专业技术人员、研究生学习参考。

图书在版编目（CIP）数据

旱寒区渠道衬砌冻胀破坏防控理论与技术创新 / 王正中等著. -- 北京 : 中国水利水电出版社, 2021.12
ISBN 978-7-5226-0353-7

Ⅰ. ①旱… Ⅱ. ①王… Ⅲ. ①渠道－冻胀－防治－研究 Ⅳ. ①TV698.2

中国版本图书馆CIP数据核字(2022)第000017号

书　　名	**旱寒区渠道衬砌冻胀破坏防控理论与技术创新** HANHANQU QUDAO CHENQI DONGZHANG POHUAI FANGKONG LILUN YU JISHU CHUANGXIN
作　　者	王正中　江浩源　刘铨鸿　王羿　著
出版发行	中国水利水电出版社 （北京市海淀区玉渊潭南路1号D座　100038） 网址：www.waterpub.com.cn E-mail：sales@mwr.gov.cn 电话：(010) 68545888（营销中心）
经　　售	北京科水图书销售有限公司 电话：(010) 68545874、63202643 全国各地新华书店和相关出版物销售网点
排　　版	中国水利水电出版社微机排版中心
印　　刷	天津嘉恒印务有限公司
规　　格	184mm×260mm　16开本　10.75印张　262千字
版　　次	2021年12月第1版　2021年12月第1次印刷
定　　价	**52.00元**

前　言

我国水资源时空分布不均，呈现出南多北少、东多西少的空间分布格局，且降水多集中于夏秋两季。黄河以北、胡焕庸线以西地区土地广袤，但水资源极缺，水土资源极不匹配，由此引发的土地荒漠化和盐碱化日益严重，大量土地无法耕种，生态环境脆弱。胡焕庸线以东人口密度大，存在地下水超采及城市供水不足等问题。而东北地区作为我国的粮仓，有最肥沃的黑土地，协调区域内水资源分布不均，保障和改善农业用水是重中之重。

调水工程和灌区设施是调节区域水资源时空分布不均、保障国家水资源安全和发展灌溉农业的重要基础设施。衬砌渠道输水因造价低、输水效率高、施工简单、易于管理等优点，是国家水网的主要输水方式。而广泛分布在我国北方旱区的渠道工程，在干旱寒冷、频发的极端气候、复杂地质环境等恶劣自然条件作用下，经常发生大面积的衬砌板裂缝、鼓胀、隆起、架空和渠道失稳滑塌等冻胀破坏灾害，因冻胀破坏导致渗漏损失约占总引水量的30%～60%，且维修费居高不下。因此，冻胀破坏已成为影响旱寒区灌区健康发展和调水工程安全高效运行的"第一大顽疾"。而目前尚缺少一部系统地介绍旱寒区输水渠道防渗衬砌冻胀破坏理论与防控技术的书籍。为响应国家"大水网建设"和"西部大开发"战略，建立旱寒区输水渠道冻胀破坏的理论体系、评价体系和技术体系极为必要。

本书立足于渠道冻胀破坏防控"土-水-热-力"四要素的新认识，突破传统冻胀破坏防治"土-水-热"三要素的思路，以冻土与结构之间相互作用的力学机制、变化规律和调控原理为突破口，创建渠道冻胀防渗力学分析理论体系、数字化设计体系、通用技术体系及机械化施工体系。基于室内外试验系统研究了渠道的冻胀破坏特征与规律，构建了简单实用的工程力学模型和科学准确的多场耦合数值模型，探明了渠道冻胀破坏的静态和动态演化机理，初步形成渠道冻胀破坏理论体系；提出了"水力＋抗冻胀"双优设计方法，开发了基于工程力学模型和数值模型的渠道防冻胀优化设计数字化平台，初步形成渠道冻胀破坏设计体系；提出了"适膜""适变"和"适缝"三种防冻胀新技术，研制了渠道衬砌曲平面成型、抹面、塑性置缝等配套快速施工装备，初步形成渠道防冻胀技术体系。

本书是西北农林科技大学、南京水利科学研究院和新疆额尔齐斯河流域开发工程建设管理局等单位相关科研及技术人员多年心血的结晶。研究内容获到多项国家自然科学基金、省部级专项基金，包括：国家"十三五"国家重点研发计划（2017YFC0405100）"高寒区长距离供水工程能力提升与安全保障技术"部分研究成果、国家自然科学基金（51279168）"冻土水热力三场动态耦合的衬砌渠道冻胀破坏模型研究"、国家自然科学基金项目（U2003108；51279168）"基于冻融稳定与冲淤平衡的仿自然型输水渠道结构优化研究"、陕西省水利科技重大专项（SXSL2011-03）"衬砌渠道防渗抗冻胀'自适应'结构及标准化研究"、陕西农业科技攻关项目（2011NXC01-20）"渠道防渗抗冻胀技术标准化研究与示范"、冻土工程国家重点实验室项目（SKLFSE201105）"考虑水热力三场耦合的衬砌渠道冻胀模拟研究"、教育部博士点基金"考虑太阳辐射的非对称衬砌渠道冻胀破坏机理研究"。

在本书出版之际，衷心感谢团队历届博士生、硕士生的辛勤劳动和艰苦钻研。本书出版得到西北农林科技大学学科群建设基金的资助，在此谨向学校、学科群和"双一流"办公室表示衷心的感谢。

本书由于涉及内容广泛，难免存在疏漏和不妥之处，欢迎读者批评指正。

王正中

2021 年 7 月

目　　录

第1章　旱寒区输水渠道冻胀破坏状况

1.1　旱寒区输水渠道冻胀破坏概述

我国水资源时空分布不均,呈现出南多北少、东多西少的空间分布格局,且降水多集中于夏秋两季。长距离调水工程和灌区建设是缓解我国北方旱区水资源紧缺、发展灌溉农业的主要手段。渠道输水因造价低、输水效率高、施工简单、易于管理等优点,已成为国家水网的主要输水方式。截至 2017 年年底,我国灌区的灌溉面积达到 7395 万 hm^2,居世界首位,万亩以上灌区数量达 7839 处,干支渠道总长度超过 80 万 km;调水工程里程亦居世界首位,输水干渠长度超过 1.38 万 km,年调水总量逾 900 亿 m^3。南水北调工程东、中线及处于前期论证的西线工程勾连长江、黄河、淮河、海河等四大江河,组成的"三纵四横、南北调配、东西互济"大水网形成了我国合理调配水资源的大动脉。在此基础上延伸出的各类斗、农、毛渠及配水管网构成了水资源配送的"毛细血管",对我国经济社会持续发展奠定了坚实的水资源安全基础。

然而,我国北方旱区大多分布于季节性冻土区(以下称旱寒区),环境和气候条件复杂,其低温达 −40∼−10℃,高频短周期突变温差达 10∼50℃,且广泛存在膨胀土、分散性土、湿陷性黄土、溶陷性土等特殊土。在该地区建设的众多大型灌区和调水工程中,输水渠道在反复冻融作用下冻胀破坏普遍且严重,常出现鼓胀、隆起、翘起、脱空、失稳滑塌等破坏形式(图 1.1),继而加剧渗漏。据统计,黑龙江某大型灌区支渠以上渠系83%以上的工程数、吉林某大型灌区的 39.4% 工程数、新疆的北疆渠道半数以上的干支渠、青海万亩以上灌区的 50%∼60% 以及内蒙古、宁夏、陕西、甘肃、山东等地均存在严重的冻害问题。因冻害导致渗漏产生的水损失占总引水量的 30%∼60%,渠系水利用系数平均不到 0.5,加之灌区未衬砌渠道占总渠道长度的 70%∼80%,使得每年损失水量占农业总用水量的近 50%。渠道冻胀破坏是旱寒区渠道渗漏的主要原因,渠道的冻害问题已成为旱寒区灌区健康发展和调水工程安全高效运行的瓶颈之一,是卡脖子难题。

图 1.1　寒区输水渠道冻胀破坏形式

1.2　旱寒区输水渠道冻胀破坏特征

混凝土衬砌冻胀破坏有两方面主要原因：一是混凝土衬砌板具有板薄、体轻的特点，虽具有一定的抗压强度，但抗拉及抗弯性能较差；二是衬砌结构与冻土因界面冰层冻结而存在相互作用，刚度较大的衬砌结构适应冻土的不均匀变形能力弱，产生较大的弯矩和拉应力。渠道衬砌板的胀裂又导致渠道渗漏增加基土的含水量，从而加剧冻胀破坏的进程。年复一年，循环往复，形成渗冻互馈的恶性循环，使得衬砌结构破坏越来越严重。下面针对渠道断面形式和渠道衬砌形式进行具体分析。

1.2.1　渠道断面形式

常见衬砌渠道断面形式有矩形、梯形、弧底梯形、U形、抛物线形、复合形以及城门洞形暗渠、箱形暗渠、正反拱形暗渠和圆形暗渠等。梯形断面施工简单，广泛应用于大、中、小型渠道，在地形、地质无特殊问题的地区普遍采用。矩形断面工程量及占地小，适用于傍山或塬边渠道以及宽深比受到限制的城镇地区，为保证边坡的稳定性，断面材料常选用钢筋混凝土。弧底梯形、弧形坡脚梯形、U形渠道等断面形式，水力条件好、占地较少、整体性好、抵御渠基土不均匀冻胀变形能力强。

《水工建筑物抗冰冻设计规范》（GB/T 50662—2011）中建议，当渠道地基土的冻胀级别属Ⅰ、Ⅱ级时，宜按渠道大小等情况分别采用下列渠道断面形式和衬砌结构：①小型渠道宜采用整体式混凝土U形槽衬砌；②中型渠道宜采用弧形断面或弧形底梯形断面、板模复合衬砌结构；③大型（或宽浅）渠道宜采用弧形坡脚梯形断面板模复合衬砌结构，并应适当增设纵向伸缩缝；④梯形混凝土衬砌渠道，可采用架空梁板式或预制空心板式结构；⑤砌石衬砌。当渠道地基土的冻胀级别属Ⅲ、Ⅳ、Ⅴ级时，宜采用相应的保温、换填、设缝等防冻胀措施。

1.2.1.1　梯形衬砌渠道冻胀破坏特征

根据梯形衬砌渠道冻胀破坏情况现场调研、室内模型试验和理论计算结果，得到如图1.2所示的梯形衬砌渠道冻胀破坏特征。

（1）温度场分布特征。在外界累积负积温作用下，渠道基土开始发生冻结并逐渐向下扩展。因渠道槽形断面形式作用，导致渠顶的对流换热系数比渠底大，最终使冻结深度呈现出渠顶大而渠底小的分布规律，如图1.2中曲线 F。渠道内部的温度分布如图1.2中曲线 T 所示。同时，温度等值线分布基本与渠道槽形断面边界平行，且渠基土冻胀主要沿温度梯度方向，使得渠道衬砌受到的冻胀力方向主要与其平面相垂直，即法向冻胀力。

（2）水分场分布特征。土体内温度降至冰点后水变成冰，在冰水含量总体积大于其孔隙率时引起冻胀。因灌区地下水位较高，加之天然环境下土体冻结速率较慢，未冻区水分有充足时间迁移至冻结锋面，分凝成冰引发冻胀严重。冰水总体积含量分布由渠底至渠顶逐渐减少，其中渠底中心的冰水含量分布如图1.2中曲线 M。渠道基土的原位冻胀量较小，渠道冻胀主要取决于水分迁移冻结成冰量，地下水埋深越浅，冻胀量越大。

（3）应力变形场分布特征。渠道衬砌板受到基土的不均匀冻胀作用，衬砌板亦会因其

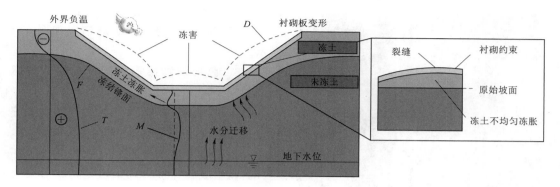

图 1.2　梯形衬砌渠道冻胀破坏特征

（T、M 和 F 为温度、水分和冻深分布曲线，D 为衬砌板变形）

刚度限制基土冻胀变形，二者相互作用最终达到平衡，切向相互作用亦是如此，如图 1.2 中右图所示。最终，衬砌板产生了如图 1.2 中曲线 D 所示的不均匀冻胀变形：渠底衬砌板向上隆起，坡脚受挤压明显，两坡板向渠内凸起，衬砌产生整体上抬；渠底中心法向冻胀变形最大，渠坡板最大法向冻胀变形发生在距渠底 1/3 左右位置。这三个位置附近衬砌板上表面拉应力超过其抗拉强度，易产生裂缝破坏。

梯形衬砌渠道现场破坏情况如图 1.3 所示。

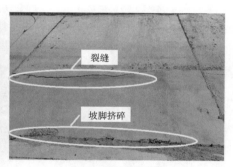

（a）预制衬砌板破坏　　　　　　　　　　（b）现浇衬砌板破坏

图 1.3　梯形衬砌渠道现场破坏情况

1.2.1.2　弧底梯形衬砌渠道冻胀破坏特征

弧底梯形衬砌渠道的温度场和水分场分布特征类似梯形衬砌渠道，在此不做分析，重点分析因断面形式差异而导致的冻胀破坏差异。弧底梯形衬砌渠道是将梯形渠道底板做成弧形，其结构计算简图是一个两端弹性支座的无铰反拱。因没有坡脚处断面形状突变的影响，衬砌板对基土冻胀的约束有所改善，冻胀变形和方向是连续变化的，冻胀量分布较均匀。虽渠底冻胀力和冻胀不均匀系数较大，但在圆弧底的反拱作用下，可将其受到的法向冻胀力转换为轴向压力，充分发挥混凝土衬砌板的抗压强度，同时其冻胀消融后复位能力比较强，一般无残余冻胀量，冻胀破坏较轻，但会在此产生挤压破坏。

相比于梯形衬砌渠道，现浇整体式弧底梯形衬砌渠道衬砌体整体性强，选用弧形底梯形断面对防止冻胀效果显著。但其冻胀破坏位置基本与梯形渠道一致，主要发生在弧底板

3

图 1.4　弧底梯形衬砌渠道现场破坏情况

的中心、弧底板与坡板连接处及长坡板的中下部。弧底梯形渠道现场破坏情况如图 1.4 所示。

1.2.1.3　弧形坡脚梯形衬砌渠道冻胀破坏特征

弧形坡脚梯形衬砌渠道的温度场和水分场分布特征类似梯形渠道，在此不做分析，重点分析因断面形式差异而导致的冻胀破坏差异。弧形坡脚梯形衬砌渠道是将梯形渠道的陡变坡脚转变成弧形脚，可将坡板和底板曲线连接，平滑过渡。相比于弧底梯形衬砌渠道，弧形坡脚梯形衬砌渠道更适用于大型

渠道，但也因其长底板导致该渠道易在渠底中心产生裂缝。相比于梯形衬砌渠道，现浇整体式弧形坡脚梯形衬砌渠道混凝土衬砌体整体性强，表现出较强的冻胀变形连续性和复位能力。但因弧形坡脚受到较强的法向冻胀作用和坡板及底板的约束作用，易在弧形坡脚与坡板及底板的连接处产生挤压破坏，同时弧形坡板也易发生弯折裂缝。弧形坡脚梯形衬砌渠道现场破坏情况如图 1.5 所示。

（a）坡脚挤压破坏现场　　　　　　　　（b）渠底板隆起现场

图 1.5　弧形坡脚梯形衬砌渠道现场破坏情况

1.2.1.4　U 形衬砌渠道冻胀破坏特征

U 形衬砌渠道的温度场和水分场分布特征类似梯形衬砌渠道，在此不做分析，重点分析因断面形式差异而导致的冻胀破坏差异。U 形混凝土衬砌渠道主要用于田间小型灌溉渠道，整体性好，刚度大，在衬砌板上的冻胀量分布均匀，弧底呈反拱形，充分发挥了混凝土衬砌板的抗压性能，能够承受较大的应力，冻胀破坏轻。根据多年现场观测，U 形混凝土衬砌渠道的冻胀破坏总体上可以分为裂缝、整体上抬、隆起架空和滑塌等几种破坏形式。

（1）裂缝。表现形式有两种：一是混凝土衬砌板之间的裂缝，用于连接两块衬砌板之间勾缝或填缝处产生的裂缝；二是渠道衬砌板中上部受到渠基土的冻胀，引起衬砌板上沿向渠道内侧倾斜，极易发生断裂，如图 1.6（a）所示。

（2）整体上抬。断面较小的渠道，基土冻胀比较均匀，施工较好的混凝土衬砌可能会发生整体的上抬，底部与渠基土完全脱离，如图1.6（b）所示。

（3）隆起架空和滑塌。混凝土衬砌板被基土抬高，与其他衬砌有明显的垂直位移，甚至与渠基土完全分离，隆起架空的部分已经完全失去了连接作用；对于多拼式渠道，在开春冰雪融化后，也可能产生滑塌破坏。

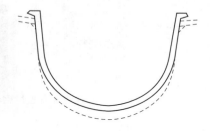

（a）U形衬砌渠道裂缝　　　　　　　　　　　（b）U形衬砌渠道整体上抬

图1.6　U形衬砌渠道冻胀破坏情况

1.2.2　不同衬砌形式渠道的冻胀破坏形式

工程实践中渠道衬砌主要采用现浇混凝土或预制混凝土两种结构，二者均具有板薄、体轻的特点，且作为刚性结构，均具备一定的抗压强度，但其抗拉强度及抗弯性能较差，适应拉伸和不均匀冻胀变形的能力较弱。尽管现浇衬砌结构与预制衬砌结构形式存在许多相似之处，但二者因整体刚度差异较大，冻胀破坏特征存在明显的差别。下面以工程中广泛使用的梯形渠道为例进行阐述。

现浇混凝土衬砌渠道常见的冻胀破坏形式包括在冻胀力荷载的作用下，由于边坡衬砌板某一截面弯矩过大而导致衬砌板的局部鼓胀、隆起、拉裂甚至折断等；同时边坡衬砌板与渠底衬砌板直接接触，无平滑过渡段，在坡脚处极易导致板间挤压、错动等破坏现象。此时衬砌板作为刚性整体，其内部各截面间既可以传递剪力，也可以传递弯矩，且其冻胀破坏形式主要表现为衬砌板自身的破坏，即发生冻胀破坏的位置通常位于衬砌板内，实际破坏情况如图1.7所示。

预制混凝土衬砌渠道常见的冻胀破坏形式与现浇混凝土衬砌渠道不同，每块预制板自身通常不会发生冻胀破坏，衬砌结构的冻胀破坏主要发生在预制板间的接缝处，包括预制板间的移位、错动、鼓胀、隆起、拉裂甚至结构的失稳滑塌等。可见除了因局部弯矩过大导致的冻胀破坏以外，预制板间接缝处的剪力也是导致预制混凝土衬砌结构发生冻胀破坏的主要原因之一，其破坏性形式更加复杂，可分为以下三种类型：

（1）当相邻预制板间接缝处所承受的剪力过大时，同时又由于渠道底板的顶托力作用导致预制板受到轴向压力的作用，预制板之间极易发生相互错动和移位。此类冻胀破坏形式通常发生在渠道坡板的中下部和渠底边部。

（2）当相邻预制板间接缝处所承受的弯矩过大时，预制板间的填缝材料因承受较大的拉应力而易导致轴向的伸长和拉裂。此类冻胀破坏形式通常易发生的部位在衬砌渠道坡板

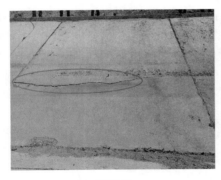　　

（a）坡板拉裂　　　　　　　　　　　　　　　（b）坡脚挤压错动

图 1.7　现浇混凝土衬砌渠道冻胀破坏情况

的中下部以及渠道底板中部。

　　（3）当相邻预制板间接缝处的法向冻胀位移过大时，渠道衬砌结构易出现鼓胀和隆起，并可能整体由此影响到衬砌结构的整体稳定性，导致衬砌板的架空和滑塌。此类冻胀破坏形式通常易发生的部位也在衬砌渠道坡板的中下部。

　　预制混凝土板衬砌渠道冻胀破坏情况如图 1.8 所示。

（a）边坡预制板滑塌现场　　　　　　　　　　　（b）边坡预制板隆起现场

图 1.8　预制混凝土板衬砌渠道冻胀破坏情况

1.3　冻胀破坏的主要影响因素

　　渠基土的冻胀敏感性及水敏感性是造成季节冻土区渠道冻胀破坏的首要因素，渠道衬砌结构与冻土的相互作用是其破坏的直接原因。对于渠基冻土的冻胀而言，温度、土质、水分，特别是地下水位等对其冻胀性能影响显著；对于渠道工程而言，渠道走向影响渠道两侧边坡吸收的太阳辐射量，进而影响两侧边坡温度场、水分场分布，导致两侧边坡变形及破坏位置及破坏程度存在差异，即阴阳坡效应；而断面形式和结构形式是影响渠道受力的关键因素，上文已重点论述，在此不做阐述。因此，从温度、渠基土质、水分和渠道走向等四个方面分析渠道冻胀破坏的影响因素。

1.3.1 温度

温度条件主要包括外界气温和冻结速率等。渠基土体受负温影响发生冻胀的过程，从本质上来讲是土体与空气发生热量交换的过程，温度是导致渠基土产生冻胀的先决要素。随着外界负积温的逐渐累积，当渠基土温度降到土体起始冻结温度后土体开始冻结，下层土体水分在温度梯度驱动下，在土壤毛细作用下不断向上层迁移，引起上层土体水分含量的增加，导致土体冻胀量不断增加。其中，土体冻结速率对土体冻胀强度起决定作用。当冻结速率较大时，未冻土中的水分来不及向冻结锋面处迁移便已冻结成冰，土体冻胀不明显；当冻结速率较小时，冻结锋面推移缓慢，水分有足够的时间向冻结区迁移，在外部水源补给下，冻结区冰层逐渐加厚，最终造成冻胀现象。已有试验证明，青藏粉土单向冻结120h，随着顶板温度的升高，土样的冻胀率急剧增大，如图1.9所示；砂砾石土单向冻结得到冻结速率的大小直接影响着土的冻胀强度。

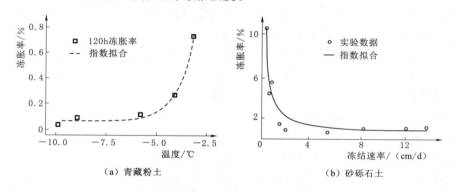

（a）青藏粉土　　（b）砂砾石土

图 1.9　冻胀率与温度、冻结速率的关系曲线

1.3.2 渠基土质

1.3.2.1 土的颗粒级配

土的颗粒级配是指土中不同粒径组的相对含量，土颗粒大小直接反映土粒表面能。比表面积的差异影响冻结过程中水分迁移能力，其冻胀特性随土颗粒级配不同而存在差异。研究发现，土颗粒粒径越小，其比表面积越大，与水作用的能量也越高，土壤的毛细作用越强，越容易发生冻胀。其中粉粒土中水分迁移最为强烈，当土壤中粉粒比例达到一定程度时，土壤冻胀作用逐渐显著。当土壤中黏性土含量增大到一定程度时，水分迁移能力和土壤冻胀强度随之减弱，土壤颗粒粒径与水分迁移聚集及冻胀强度的关系如图1.10所示。

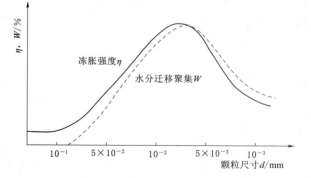

图 1.10　土壤颗粒粒径与水分迁移聚集及冻胀强度的关系

从图 1.10 中可以看出，土颗粒粒径介于 0.05～0.005mm 的土壤水分迁

移能力最强，冻胀最严重；土颗粒粒径在其他范围时，由于水分迁移能力减弱，土壤冻胀作用相应减弱。土颗粒粒径大于一定值的粗粒土，在其冻结过程中，其毛细作用和水分迁移能力减弱，这种土属于非冻胀性土，可用来置换细粒土以防止或减轻土体冻胀。《渠系工程抗冻胀设计规范》（SL 23—2006）规定，粗粒土中粒径小于 0.075mm 的土粒重量占土样总重量的 10% 及以下时，为非冻胀性土；细粒土及粒径小于 0.075mm 的土粒重量超过土样总重量的 10% 的粗粒土为冻胀性土。根据以往的研究，土壤的冻胀性按强弱排序为：粉质黏土＞壤土＞砂壤土＞重黏土＞砂土＞砂砾。

1.3.2.2　土的矿物成分

渠基土的矿物成分在土体冻结过程中对水分迁移、土的冻胀均有影响，尤其是细粒土中矿物成分冻胀性最为敏感。黏性土中的矿物成分对黏性土冻胀敏感性大小排序为：高岭土＞伊利石＞蒙脱石。高岭土因其具有固定的晶格结构导致离子交换能力弱，同时具有高带电荷性，因此表面存在许多可移动的薄膜水，冻胀性较大。相反，蒙脱石有较高的离子交换能力，但没有坚固晶格结构，虽然它能结合大量的自由水，但其毛细管的导水性能减弱使得土体冻胀性减小。

此外，土壤中盐分含量对其冻胀性影响也较为显著。在低于一定的温度时，一定含水率及含盐量的盐渍土会发生膨胀，这是盐胀与冻胀综合作用的结果。结合硫酸钠盐渍土盐冻胀特性试验得到了不同硫酸钠含量土样的盐冻胀率，如图 1.11 所示。温度不变时，硫酸钠含量越高，盐渍土冻胀率越大。

1.3.2.3　土的密度

通常情况下，土体为三相体系，在含水量不变的情况下，当土体密度增大时，土壤内部孔隙减小，饱和度增大。在同一含水量下，土体密度对冻胀系数有较大影响。土在冻结的情况下，密度小的土体吸力较小，同时有足够的孔隙容纳冰的自由膨胀，土体冻胀强度较弱。随着土体密度逐渐增大至某一特定值时，土体的水分迁移能力逐渐增强，土体冻胀亦逐渐增强。随着土体密度的进一步增大，较大的密度阻碍了水分迁移，冻胀强度

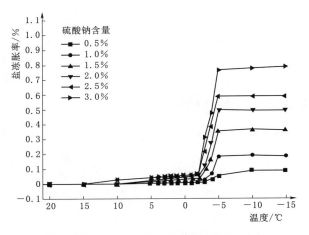

图 1.11　不同硫酸钠含量土样的盐冻胀率

也会逐渐减弱，如图 1.12 所示。寒区工程施工过程中，一般通过压实来提高土的密度，以降低冻结过程中的水分迁移能力，从而减小土体冻胀。

1.3.3　水分

水分是引起土体冻胀的重要条件之一，土体冻胀是由土体内的水分受温度梯度影响而发生迁移、汇集并相变成冰后造成的。当无外界水源补给时，土体孔隙水发生原位冻胀，体积膨胀 9%；在有水分补充的条件下，其体积增大补水量的 1.09 倍，加剧土体膨胀。

因此冻土冻胀与土体冻结前的初始含水率和水分迁移有关。

1.3.3.1 初始含水率

渠基土中水分的多少关系到渠道是否发生冻胀以及冻胀破坏的程度。不是所有含水的土冻结时都会产生冻胀，只有当土体中的水分超过起始冻胀含水率时，土体才会产生冻胀。一般情况下这个含水率是土的塑限的70%～90%。已有学者通过试验测得了不同类型土壤的起始冻胀含水率，其中细砂的起始冻胀含水率为7%～9%，亚砂土为10%～14%，砂质黏性土为9%～11%，黏土、亚黏土为12%～17%，含有粉粒的卵砾石为8%～10%。当渠基土含水率小于起始冻胀含

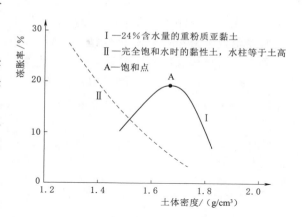

图 1.12　冻胀强度随土体密度变化规律

水率，土中有较多孔隙容纳未冻水和冰，不会产生冻胀。

1.3.3.2 水分迁移

对于没有外部水源补给的封闭系统来说，渠基土冻结过程中水分迁移仅来自土体内部水分，当迁移的水量使得土体达到起始冻胀含水量时则会产生冻胀；冻结后较冻前上部土层中的含水量有明显增加趋势，下部土层含水量减少。在开放系统的冻结过程中，地下水不断向冻土的冻结锋面处迁移并相变成冰，产生冻胀，对工程造成严重破坏。在封闭系统中，冻土冻胀强度是由土体初始含水量以及水分迁移量共同决定。而在开放系统中，其冻胀强度主要取决于未冻区水分向冻结区的运移量，即地下水位的埋置深度。当地下水位埋层较深，毛管水发生运移路径较长，水分不能到达冻结区，冻胀较轻；地下水位埋深较浅时，地下水顺着毛细管很快到达冻结区，则会引起渠基土严重的冻胀变形。

1.3.4 渠道走向

太阳辐射是地表热量的主要来源，因渠道走向、结构形式、所处位置等原因使渠道两侧边坡吸收的太阳辐射量存在差异，在阴坡和阳坡产生了非对称的温度和水分传输过程。更重要的是，渠道结构亦会产生差异性冻胀破坏，阴阳坡效应显著，威胁渠道工程安全运行。如南水北调工程中线京石段的总干渠建成初期，左边坡（阳面）损坏涉及长度2545m，而右边坡（阴面）损坏长度为8138m，阴坡破坏范围及程度远大于阳坡；陕西冯家山水库总干退水渠、新疆阜康灌区等东西走向渠道阴坡的冻深和冻胀变形均大于阳坡。

以新疆阜康某灌区为例，东西走向渠道阳坡日均温度比阴坡大3.5℃，比阴坡提高冻结晚15d，比阴坡起始融化早9d，冻深比阴坡小33cm，进一步导致总含水量、变形量、拉应力区及其应力值小于阴坡；阴坡和渠底先发生冻胀而后阳坡，渠底偏阳坡位置产生拉应力，渠坡板在距渠底1/4～1/3坡长位置处冻胀变形最大，差值为3.72cm，在此附近存

在拉应力区，坡脚和阴坡已局部破坏。渠道从东西走向顺时针旋转至南北走向的过程中，渠道接受光照的顺序由"阳坡→渠底→阴坡"过渡到"阴坡→渠底→阳坡"，阴阳坡太阳辐射量差值逐渐减小，阴阳坡衬砌板表面温度以及冻土起始稳定冻结时间、起始融化时间、冻深、水分场和应力变形场差异均随之减小，且认为上述差异在渠道为南北走向时等于 0，阳坡亦逐渐进入塑性区；阴坡的冻胀破坏逐渐延后，阳坡则相反。限于篇幅，仅给出不同走向渠道坡板 2/3 设计水位点的冻深发展过程，如图 1.13 所示。

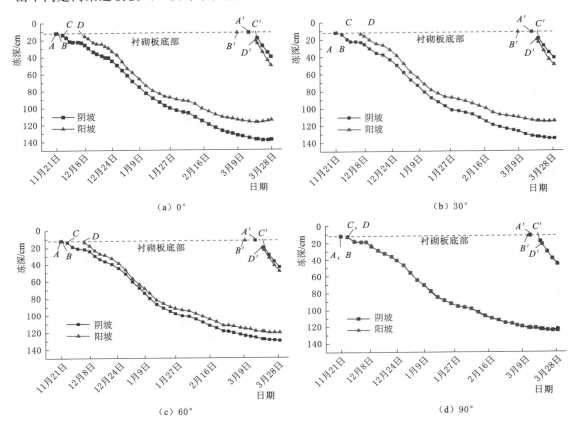

图 1.13　不同走向渠道坡板 2/3 设计水位点的冻深发展过程

（左下角为冻结曲线，右上角为融化曲线，相同日期下的融化曲线与冻结曲线之差为冻深；
A 点和 *B* 点为起始冻结时间，*C* 点和 *D* 点为起始稳定冻结时间，*A*′点和 *B*′点
为起始融化时间，*C*′点和 *D*′点为起始稳定融化时间。）

1.4　旱寒区衬砌渠道冻胀破坏研究内容与发展趋势

1.4.1　研究内容

（1）围绕旱寒区输水渠道工程建设与安全运行需求，针对旱寒区衬砌渠道冻胀破坏严重的现状及削减冻胀的重大技术问题，着重解决以下关键科学与技术问题：

1）渠道基土冻胀、冻融相变、水分迁移、强度突变规律不明，基土与衬砌相互作用的力学响应机制与变化规律不清。

　　2）渠道冻胀破坏的力学模型和失效准则缺乏，简明准确的工程设计方法及数字化设计系统尚未建立。

　　3）基于渠道冻胀破坏机理的通用防冻胀技术缺少，大型通用一体化的施工装备缺乏。

　　（2）围绕上述科学技术问题，综合运用土壤水动力学、工程力学、弹性力学以及冻土力学等相关学科基本理论，结合室内单元实验、模型试验、现场测试、数值模拟、软件开发、设备研发以及技术示范等研究手段，进行了旱寒区输水渠道性能演化与冻融破坏机理、渠道冻胀破坏设计理论与方法、渠道冻融破坏防控新技术及快速化施工设备与工法等专项研究。主要内容如下：

　　1）旱寒区输水渠道冻胀破坏防控理论体系。采用原型观测、模型试验等手段，研究冻土中水分迁移、相变及冰晶生长过程、细观组构特征，以及渠道冻胀变形、界面冻胀力冻结力变化规律，探明冻土与衬砌相互作用变化规律；通过冻土力学、工程力学、多场耦合力学、土壤水动力学、计算力学原理与方法的综合运用，构建渠道冻胀破坏工程力学模型和水-热-力三场耦合数值仿真模型，揭示旱寒区渠道冻胀破坏的力学机理，构建渠道冻胀破坏防控的理论体系，实现渠道冻胀灾变量化分析及溯源。

　　2）旱寒区输水渠道防冻胀破坏设计方法体系。依据渠道冻胀破坏理论及强度理论建立抗适结合的冻胀破坏失效准则，结合工程力学模型和数值仿真模型，运用多目标优化方法和计算机方法，开发渠道抗冻胀数字化设计软件平台，建立渠道抗冻胀工程数字化设计体系。

　　3）旱寒区输水渠道防冻胀破坏技术体系。从冻土与渠道衬砌结构相互作用机理出发，通过科学调控渠道衬砌法向、切向冻胀变形与冻结约束，提出抗适结合的通用防冻胀技术；研发渠道衬砌一体化施工装备，形成渠道冻胀防控技术体系，系统解决渠道冻胀破坏难题。

1.4.2　发展趋势

　　随着国家水网建设推进，我国旱寒区大型灌区、调水工程及各类灌区升级改造的发展，渠道工程建设逐渐向大型化、现代化、标准化发展。在强太阳辐射、极端寒冷与土地盐碱化等严酷环境影响下，渠道面临的冬季输水、冰期输水、水位骤降及行水-停水-冻胀-融沉等运行工况更加复杂，其渗漏与冻融破坏形式多样，机理复杂，这对渠道防渗衬砌冻胀防控理论与技术提出了更高要求和挑战。现行的渠道防冻胀破坏理论、设计与技术体系有待不断提升，渠道冻胀破坏评价也需建立，最终形成渠道防冻胀破坏理论、设计、评价与技术体系。

1.4.2.1　复杂环境工况下的渠道破坏机理

　　渠道运行环境和工况复杂，其在太阳辐射、春融、盐渍化等外界环境以及冬季输水、水位骤降等运行工况作用下发生复杂的多场耦合作用，其全生命周期健康服役及破坏机理尚未完全明晰，有待进一步发展。具体包括：

　　（1）太阳辐射作用下渠道阴、阳坡发生水、热、力的不均匀、不对称、不同步变化，冻胀破坏存在差异，未来需结合室内外试验探索太阳辐射对渠基冻土水、热、力分布的影响规律，揭示高寒强辐射区太阳辐射对渠道冻胀破坏的影响规律和冻胀破坏机理。

（2）春季渠道的融沉滑塌现象明显，但其破坏机制尚不清楚。未来有必要结合室内模型试验，动态监测春融期间的水、热、力变化规律，辅以电镜扫描、核磁共振等微观手段，明晰渠道的冻融劣化机理。

（3）咸寒区渠道盐冻胀破坏突出，基土冻结条件下水盐迁移规律和盐冻胀耦合互馈关系尚不明晰，未来有必要结合试验分析冻土中水、热、盐的变化规律，探明析晶-成冰规律，突破盐胀-冻胀的耦合互馈关系，揭示渠道破坏的水-热-力-盐耦合机制。

（4）冬季输水无冰盖运行工况，气候环境、渠水渗漏、水体温度综合影响基土的水、热、力耦合作用，虽水体具有一定的保温作用，但渠水渗漏会加大基土的含水率，加大低温区冻胀变形量，尤其在水面附近不均匀冻胀变形较大，产生破坏；而针对冰盖运行工况，除上述因素影响外，冰盖生消、冰盖的厚度、静冰压力的发展、水位变幅波动产生的冰盖与衬砌板相互作用，均匀导致冰-冻胀耦合破坏。未来可结合模型试验手段，明晰冬季输水渠道的破坏机制。

（5）渠道水位骤降时，渠坡反渗压力过大引起渠道产生水胀（扬压力）破坏，但具体作用机理不够清晰。未来需结合试验分析基土、衬砌板、土工膜渗透系数及渠道降水方式等对衬砌板底部扬压力的影响，以明晰渠道水位下降时的渠道水胀破坏机制。

1.4.2.2　渠道冻胀破坏的多场耦合数值模型

基于复杂环境工况下的渠道破坏机理，建立并完善描述渠基土冻融、渗漏、盐冻胀过程与衬砌结构应力变形响应的多物理场耦合模型，是提升旱寒区渠道设计理论的基础，仍存在以下难点问题需解决：

（1）渠道热边界的准确性是决定渠道温度场计算合理性的先决条件，宜考虑不同走向渠道太阳辐射的周期变化及昼夜冻融循环影响，为此需进一步研究渠道太阳辐射模型，确定太阳辐射参数和下垫面的合理取值；同时研究风场作用下渠道断面形状、衬砌材料物理特性与表面吸热及风速分布的对流换热模型，建立准确的渠道热边界条件，以实现考虑阴、阳坡及断面形状影响的渠道温度场的准确计算。

（2）冻融作用下渠基土的水-热-力动态耦合模型是渠道冻融破坏分析的核心部分，目前以水热全耦合与应力场单向耦合构成的多场耦合模型来分析渠基土的冻胀弹性变形较为成熟，而力学参数与水热参数间全耦合冻胀、融沉模型和冻融循环下的弹塑性损伤模型研究仍是难点。有必要通过单轴和三轴冻土加载试验，结合基质势、水分、温度等监测，研究应力场参数与土水特征曲线、冻结曲线等水热参数的耦合关系；研究不同荷载下基土的温度、水分分布与融沉系数的关系，综合建立渠道的冻胀-融沉模型；研究冻融循环过程中基土传热系数、土水特征曲线、冻结曲线等水、热、力参数的变化规律，建立各参数的动态预测模型；建立冻土的冻融劣化本构数值模型，以建立完善的冻土水-热-力耦合冻融劣化数值模型，以分析渠基土的冻融劣化、剥蚀与滑塌过程。

（3）在水-热-力耦合模型基础上，研究盐分对各场参数的影响规律，如冻结曲线、土水特征曲线、渗透系数、力学参数等，建立统一预测模型，结合咸寒区渠道盐冻胀破坏机制，建立相应的水-热-力-盐四场耦合数值仿真模型，为咸寒区工程设计和建筑物盐冻胀破坏防治提供理论指导。

（4）寒区渠道衬砌板在冻土冻胀融沉作用下发生破坏，以往的衬砌-冻土相互作用研究中多限于单次冻结状态下研究含水率、温度、法向压力等因素对接触面力学特性的影响，仅建立了数学拟合关系，物理意义不明确且精度较差，导致数值计算的衬砌板应力变形大于试验监测值而失真。如何反映冻土与结构界面反复冻结融化循环过程中相互作用的物理本质，建立正确的接触模型及其参数是当前面临的难题。探究在长期反复多次冻融循环下衬砌-分凝冰-冻土的界面强度和应力应变特性，分析界面间冻胀力、冻结力的发展演化过程及接触面的性能退化演变规律；理论上建立接触面黏塑性损伤模型，从损伤状态变量、损伤模型参数、蠕变参数与温度、含水率、冻融循环次数等变量的关联出发来建立接触面间力学本构模型，结合冻土耦合模型，实现界面间应力变形特性与冰、水含量的动态分析，最后建立旱寒区基土与衬砌相互作用的渠道冻融破坏模型，综合分析衬砌的冻胀、融沉、鼓胀、错动、脱空和滑塌等破坏。

1.4.2.3　失效准则与设计方法

失效准则是旱寒区渠道防渗抗冻胀量化设计的关键指标体系，包括渠道系统的强度、刚度、稳定性等。目前规范仅采用不可恢复的法向最大冻胀量这单一失效准则，无法反映渠道冻融破坏的多种类型，且设计方法也仅是定性判断及工程类比，无法满足复杂环境下高标准、大规模渠道工程建设的需要。目前虽面向渠道衬砌结构抗冻胀设计提出了材料力学和弹性力学等工程力学模型，但仅采用了拉应力或最大变形等单一失效准则，多种破坏类型的系统失效准则以及模型中假设衬砌受到的冻胀力和冻结力分布规律有待修正。因此，未来仍需结合大型工程原型试验和水-热-力耦合数值模拟手段，以气候气象、渠道走向、温度、基土含水率、地下水位、土质、断面及结构形式、渠道规模等为基本变量，探究渠道的冻融破坏形式及其所对应的工程力学模型，并结合模型求解量，推导获得反映结构破坏临界状态的强度、刚度和稳定性等指标量的不等式关系，提出系统性的渠道冻融破坏失效准则。在此基础上，结合诸如"防渗抗冻胀与适应冻胀协调""水力＋抗冻胀"双优化等设计理念，对渠道断面尺寸和衬砌尺寸、接缝等参数进行数字化设计，并可结合数值模型对上述渠道进行验算，形成工程力学模型设计、数值模型校核的旱寒区渠道结构防冻融破坏的设计方法及标准，指导实际工程设计。

1.4.2.4　防冻胀措施通用化及标准化设计

设计规范中多以控制临界冻深和冻胀量的原则选取渠道的防渗抗冻胀措施，但条例较模糊，无明确的定量化指标可供参考。如高地下水位区或渗漏区的纵横排水管和排水井的联合布置形式、保温板的厚度、换填层的粒径要求和换填深度、梯形脚弧形化的结构尺寸等无定量化设计标准，以及"适摩""适缝"措施的工程效果等均未知。未来有必要结合室内模型试验和大量现场实测分析排水管和抽排水井的布置方式、尺寸和抽排效率对渠基土渗流场和地下水位的影响规律；探究考虑太阳辐射影响的保温板厚度对冻土水、热、变形等综合指标量的影响规律；分析换填层的土料级配、不同压实度下的冻胀量变化规律及换填深度对渠道冻胀变形的影响机理；研究不同梯形脚转化的弧度和结构尺寸下的衬砌板应力变形分布，最终辅以数值模拟手段，确定不同区域、气温、土质、地下水位和基土含水率、渠道走向等影响下的防冻胀措施选取依据及定量化设计方案，并结合现场监测修正上述措施，编制标准化、规范化的数字化设计软件，最终形成不同因素影响下的防渗抗冻胀技术体系。

1.4.2.5　寒区渠道工程全生命周期安全灾害链动态预警模型及智慧管理

输水渠道常年经历着行水、停水、冻结、融化等多种工况的周期往复作用，老化损伤长期累积，时间效应强，超出一定阈值后产生的衬砌鼓胀、裂缝、错动、渠坡滑塌等破坏形式并非单一存在，而是相互关联、同源转化，短期静态的安全评价不能满足全生命周期安全高效运行的需求。未来需在大量监测试验数据、数值模拟结果形成的数据库之上，基于灾害链理论，将导致渠道破坏的环境因素、运行工况、渠基土质、渠道结构形式及灾害形式等变量进行定性分类，并采用神经网络等多种算法建立各变量间的关系，以建立灾害链动态预警模型。该模型需要更加全面、准确的现场监测手段以获得渠道内部信息的实时动态变化。目前，传统渠道监测手段以常规温度、水分、位移传感器及水准仪等静态观测为主，能全面反映渠基土内冻胀力、渗漏量、地下水、热流量及外部辐射、风、蒸发量等动态灾害因子变化的监测手段将成为寒区渠道灾害链分析的重要信息源，继而可通过监测数据并结合渠道水-热-力耦合冻胀模型分析灾害链的驱动过程，以有针对性地采取防控措施及时预警、及时修复与智慧管理，为保障工程全生命周期的安全与健康运行提供理论与技术支撑。

第2章 衬砌渠道冻胀破坏与基土劣化试验研究

寒区衬砌渠道在外界负温作用下，渠道基土内的冻深线逐渐下移，基土逐渐发生冻胀，基土通过其与衬砌结构的界面传递冻胀力和冻结力，使渠道衬砌结构逐渐发生破坏；渠道基土在通水—停水—冻结—融化的往复循环作用下，结构和力学性能均逐渐劣化，导致渠道发生破坏。因此，下面将从冻土的冻胀模型、力学本构着手分析冻土的基本物理力学性能，随后结合渠道冻胀的室内模型试验分析其破坏规律和特征，最后分析湿干冻融耦合循环下基土的劣化性能。

2.1 冻土的冻胀模型试验研究

寒区工程建设既依赖冻土又避免不了受冻土的危害，开展冻土的物理力学性能研究是寒区工程建设的基础。试验研究表明冻土属正交各向异性的非线性材料，如果将冻胀变形视为线膨胀系数为负值的温度变形问题，测出正交各向异性冻土的自由冻胀系数，则对处于平面应变状态下的正交各向异性冻土的广义胡克定律为

$$
\left\{\begin{array}{c} \varepsilon_y \\ \varepsilon_z \\ \gamma_{yz} \end{array}\right\} = \left[\begin{array}{ccc} \dfrac{1-\nu_{hh}^2}{E_h} & -\dfrac{\nu_{vh}\left(1+\nu_{hh}\right)}{E_v} & 0 \\ -\dfrac{\nu_{hv}\left(1+\nu_{hh}\right)}{E_h} & \dfrac{1-\nu_{hv}\nu_{vh}}{E_v} & 0 \\ 0 & 0 & \dfrac{1}{G_{hv}} \end{array}\right] \times \left\{\begin{array}{c} \sigma_y \\ \sigma_z \\ \tau_{yz} \end{array}\right\} + \left\{\begin{array}{c} 1+\nu_{hh} \\ \alpha_v + \nu_{hv}\alpha_h \\ 0 \end{array}\right\}\Delta t \qquad (2.1)
$$

式中：ε_y、ε_z 分别为冻土在垂直和平行温度梯度方向的应变；σ_y、σ_z 分别为冻土在垂直和平行温度梯度方向的法向正应力，MPa；α_h、α_v 分别为冻土在垂直和平行温度梯度方向的自由冻胀系数，即无荷载条件下单位温降的冻胀率，1/℃；E_h、E_v 分别为冻土在垂直和平行温度梯度方向的弹性模量，MPa；ν_{hh} 为冻土在垂直温度梯度方向加载时，在垂直温度梯度方向的横向变形系数（泊松比）；ν_{hv} 为冻土在垂直温度梯度方向加载时，在平行温度梯度方向的横向变形系数；ν_{vh} 为冻土在平行温度梯度方向加载时，在垂直温度梯度方向的横向变形系数。

2.1.1 试验材料与方法

1. 设备与试件

冻胀试验设备为中国科学院冻土工程国家重点实验室的无压冻融箱。该箱腔高 60cm、长 40cm、深 26cm。试件采用圆柱形，高 26cm、直径 15cm。使用澳产数字采集记录仪器 DATATAKER‑100 与终端微机连接，并在 DECIPHER 软件支持下工作。因冻融箱空间

有限，故制备两个相同试件，先以试件 A 测横向位移，再换试件 B 测纵向位移。

试验土料为冻胀较敏感的兰州粉土（塑限 17.7%、液限 26.7%、比重 2.70、冻结温度为 -0.02℃），过 2mm 筛孔后拌成湿土，含水量为 19.7%。分层装入高 28cm、内径 15cm 的有机玻璃筒，分层夯实，控制干容重为 1.64g/cm³，饱和度为 82.3%。成型土柱推出后，立即在其侧面先包塑膜隔水层，再裹厚约 3.5cm 的泡沫塑料隔热层，然后安置温度与位移传感器，并移入冻融箱中进行测试。试验条件为无水分补给的封闭系统。

2. 测点布设

每一试件（A 或 B）沿纵向布置温度测点 14 个，8 个位移测点对称布设在 4 个不同高度上。温度传感器的植入深度为 3.5cm，每层设一个。纵向位移采用薄钢片引出法，钢片总长约 10cm，一半嵌入土柱内，另一半则穿出保温层外与垂直位移传感器的测头相触，横向位移由位移传感器直接测量。试验布置如图 2.1 所示。

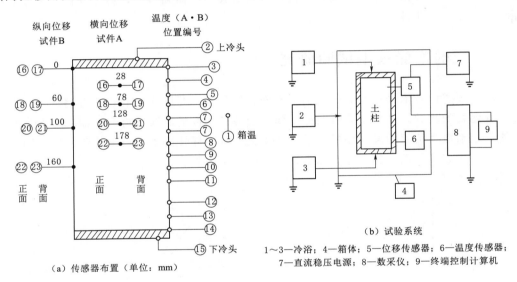

图 2.1　试验布置

温度设定与调控：土柱的侧面与底面，设定为 -5℃；面顶面温度分三级下降：第一级，设定为 -6℃，持续 12h；第二级，设定至 -9℃，持续 24h；第三级，设定为 -12℃，再持续 24h。试验终结。由于温度分别由三台冷浴器间接调控，故实测值与设定值略有偏差（表 2.1）。

表 2.1　　　　　　　　　　　　　试件 B 纵向测段平均变形

温度等级	检测时间	自上而下的分段长度/mm	各级温降的纵向变形/mm	测段平均温度/℃	温度场状况
I	12 分 20 秒	60	1.424	-6.1	未稳定
		40	0.907	2.5	
		60	0.035	0.07	
		100	1.052	0.17	

温度等级	检测时间	自上而下的分段长度 /mm	各级温降的纵向变形 /mm	测段平均温度 /℃	温度场状况
Ⅱ	36 分 20 秒	60	0.467	−7.6	未稳定
		40	0.647	−5.6	
		60	0.204	−3.1	
		100	0.018	−1.4	
Ⅲ	56 分 20 秒	60	0.233	−10.1	准稳定
		40	0.111	−7.9	
		60	0.040	−5.2	
		100	0.147	−3.1	

2.1.2 试验结果与分析

冻胀参数包括冻胀率 η 和冻胀系数 α：η 是指土体冻胀时冻深 h 内的相对线性变形 $\eta = \Delta h / h$；根据数学建模需要，类比温度应力计算中线胀系数的概念，引入冻胀系数 α 并定义为以 0℃ 作基准温度时，η 与相应的负温值 t 之比（$\alpha = \eta / t$）。严格地说，冻胀系数的基准温度应以冻结温度为准，鉴于兰州粉土的冻结温度为 −0.02℃，故采用 0℃ 为基准。另外，将土体视为正交各向异性体，冻胀参数是有方向性的，分别以 η_H、η_V、α_H、α_V 表示，脚标 H 和 V 分别表示与温度梯度垂直或平行的两个正交方向。

鉴于本次试验的第 Ⅰ、Ⅱ 两级降温，均未达到准稳状态（表2.1），所以，只能把第 Ⅲ 级降温后的测试结果加以整理，列于表2.2。表中的横向冻胀参数，是以横向收缩停止后出现的最大膨胀变形量求得的。

表 2.2　　　　　　　　　　冻 胀 参 数 计 算 结 果

自上而下的分段长度 /mm	横向冻胀参数（试件 A）			纵向冻胀参数（试件 B）		
	温度 t/℃	冻胀率 η/%	冻胀系数 α/(1/100℃)	温度 t/℃	冻胀率 η/%	冻胀系数 α/(1/100℃)
60	−11.0	1.28	0.116	−10.1	1.99	0.20
40	−7.8	1.08	0.138	−7.9	3.61	0.46
60	−5.7	1.48	0.226	−5.2	0.47	0.09
100	−4.4	2.97	0.675	−3.1	1.22	0.39

2.2　冻土的非线性力学本构模型试验研究

为了准确分析寒区工程中冻土与建筑物的相互作用，以便进行工程结构性能分析及科学设计，掌握结构全过程变形、承载力及破坏形态，就必须研究清楚冻土的本构模型和破坏准则，特别是冻土的各项物理力学指标及材料参数。

冻土的细观组成与其宏观力学特性有着密切的关系。土冻结过程中，垂直于温度梯度

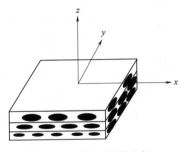

图 2.2　冻土组构坐标

方向形成一层冰晶体层面和冻结锋面，随着冻结温度的变化，冻结锋面也随之平行推进，从而表现出了冻结锋面内和温度梯度方向（两者正交）学特性的显著差异。从宏观上表现出了各主方向力学性能的明显差异以及力学性能的非线性。其合理的本构模型应为正交各向异性模型。即沿温度梯度方向是一个主方向，在垂直于该方向的平面（即冻结锋面内）内任意两个正交方向是另两个主方向，冻土组构坐标如图 2.2 所示。

2.2.1　试验材料与方法

试验采用兰州粉质黏土，塑限含水率为 16.9%，液限含水率为 25.3%，塑性指数为 8.4，试件采用长方体试件，含水率为 22.8%，干密度为 1.58，为保证测定横观各向同性材料的物理力学特性参数，试件严格保证长轴方向分别与冻结锋面垂直或平行的取向，以确保准确地测定各向弹性模量与泊松比。

冻土试块是在棱长为 200mm 的正立方体有机玻璃模中按干容重控制分层击实成型的，试块脱模后四周用塑膜隔水层包封，再裹厚 5cm 的泡沫塑料隔热层，保证在试块顶部和底部制冷时的单向冻结。试块顶部和底部用边长为 200mm 的制冷板制冷，其温度由自控式冷浴控制，顶板设定温度分别为 -18℃、-14℃、-10℃，底板设定温度为 0℃，这样的温度设定是为了保证试块中心平均温度达到 -9℃、-7℃、-5℃。试块在大型冻融箱中和无水分补给的封闭系统中冻结 48h，待试块内温度场达到稳定后，迅速隔热移到低温室（-15℃以下）一次平行切割加工 4 个高 100mm、长宽各 70.7mm 的长方体试件，对试件侧面磨光涂抹防潮绝缘的三氯甲烷，待干硬后用 502 快干胶贴应变片，待应变片黏结密实固化后，将试件送入低温实验室进行试验。

加载装置采用国产 CSS-1020 型机械式电子万能机，可实现恒位移控制，试件的应力与应变量均由 DT-500 型数采仪配合微机进行随时自动采集处理。为提高精度采用 BQ120-10AA 型箔式应变片直接测量冻土试件的应变，其分辨率为 1 个微应变。

切线模量 E 及泊松比 ν 值按直接加载法测定。因无法测定全过程应力-应变曲线，所以控制应变取为弹性极限应变。针对兰州粉质黏土及本次试验的温度及湿度状况，试验中暂取 $\varepsilon_0 = 1.2 \times 10^{-2}$；试验中每组试件平行制作 3 个试件，试件温度分别按 -5℃、-7℃、-9℃ 控制，加载时应变速率取为 $\varepsilon = \dfrac{d\varepsilon}{dt} = 16.67 \times 10^{-6} s^{-1}$，实测出各种组合时各个方向的 σ-ε 关系曲线后，按正交各向异性的 E，ν 定义，计算出冻土的各种物理力学参数。

2.2.2　试验结果与分析

1. 试验结果及初步分析

为避免图表重复，这里没有列出试验数据表，仅将各项测试结果点绘于图 2.3～图 2.5。初步分析结果表明：同一负温及冻结条件下，同一应力条件下，各向弹性应变、各向切线模量 E、各向泊松比之间存在显著相关关系，为了分析冻土的物理力学属性，特别是为了判断冻土是否属于横观各同性材料，对不同应力水平时，各种力学参数进行比较分析。具体结果如下：

$$\left|\frac{\varepsilon_x - \varepsilon_y}{\varepsilon_y}\right| \leqslant 4.1\%, \quad \left|\frac{E_x - E_y}{E_y}\right| \leqslant 4.4\%, \quad \left|\frac{E_z\mu_{zx} - E_x\mu_{xz}}{E_z\mu_{zx}}\right| \leqslant 7.9\%,$$

$$\left|\frac{\mu_{zx} - \mu_{zy}}{\mu_{zx}}\right| \leqslant 6.9\%, \quad \left|\frac{\mu_{xz} - \mu_{yz}}{\mu_{xz}}\right| \leqslant 7.3\%, \quad \left|\frac{\mu_{xy} - \mu_{yx}}{\mu_{xy}}\right| \leqslant 3.8\%$$

$$(2.2)$$

式中：ε、E、ν 分别为冻土在相应方向上的弹性应变、切线模量和泊松比。

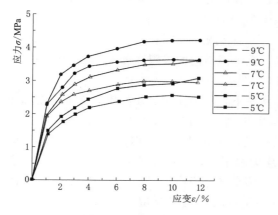

图 2.3 σ-ε 关系曲线

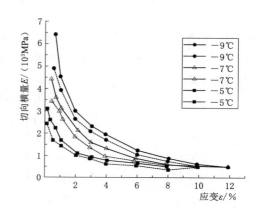

图 2.4 ε-E 关系曲线

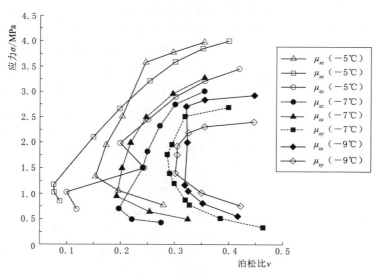

图 2.5 σ-ν 关系曲线

根据复合材料力学理论及式（2.2），可以认为兰州粉质黏土在冻结温度为 $-9 \sim -5℃$；含水率适当时的冻土属横观各向同性材料；按横观各向同性材料建立冻土的本构模型及破坏准则，为寒区结构工程数值分析提供理论模型。

2. 冻土各向力学参数试验结果的回归分析及拟合曲线

在对每组 3 个平行试验结果取平均值的基础上，按不同冻结温度绘出不同应力水平 σ 与各向 ε、E、ν 之间的关系曲线，应用最小二乘法进行分析，回归曲线绘于图 2.3～图 2.5。图 2.3、图 2.4 中实线为同性面内方向数据，虚线为温度梯度方向数据。

3. $E - \varepsilon - \sigma - \nu$ 关系曲线分析

（1）由图 2.3 可以看出：①在同一应力水平下，温度梯度方向即 z 向的应变总大于等温面（各向同性面）内的应变；②在同一应力水平下，负温绝对值越小，应变越大，即同一应力水平下冻结温度越大，冻土的刚度越大；③在应力水平较低时，各方向的应变基本相同，各条曲线基本重合，而且此应力水平以下的变形接近于线弹性性质；④由应力-应变曲线变化规律可以看出，对于不同方向、不同冻结温度的极限应变约为 $\varepsilon_0 = 1.2 \times 10^{-2}$，但极限应力强度随冻结温度增大而提高，在等温面内的极限强度大于温度梯度方向的极限强度。

（2）结合图 2.4 可以看出：①在同一应力水平下，等温面内的切线模量大于温度梯度方向的切线模量；②图可以划分为 3 个区，第 Ⅰ 区当应变接近极限应变时，不同应力水平、不同方向、不同冻结温度的切线模量比较接近，达到最小值，但均小于 10^3 MPa。第 Ⅱ 区，当 $E > 10^3$ MPa，$\sigma > 0.5$ MPa 时在同一应力水平下，随着冻结温度的增大，切线模量增大，特别是在低应力水平时，增长率更大。第 Ⅲ 区，当应力水平低到一定程度（本次试验中该应力 $\sigma = 0.5$ MPa），各方向、各种冻结温度时的切线模量基本相同，达到最大值，E_0 约为 1×10^4 MPa。

（3）由图 2.5 可见：①泊松比随应力二变化可分为 3 个区，第 Ⅰ 区即 $\sigma < 1.2$ MPa 以下，泊松比变化规律性不强，但随应力增加而迅速减小，这一区间应该是冻土试件的压密过程；第 Ⅱ 区，当 1.2 MPa $< \sigma < (T+5)/4$ 时，泊松比随应力增大而增大，随冻结温度增大而减小；第 Ⅲ 区，当 $\sigma > (T+5)/4$ 时，随着应力增大，泊松比快速增大；②在同一应力水平下，冻结温度越大，泊松比越小；③在同一应力水平下，各方向泊松比的变化规律性较差。

（4）为深入了解冻土的非线性本构关系，将不同方向单轴压缩试验结果，进行无量纲化处理，以实测单向应力 σ 与相应方向的冻结极限强度 σ_0 之比值 y 为纵坐标，以实测相应单向应变与相应方向的冻结极限应变之比值 x 为横坐标，绘出无量纲单轴应力-应变关系曲线，即 $y-x$ 关系，如图 2.6 所示。

对试验结果进行回归分析得该种试样极限强度：$\sigma_0 = 0.25T + C$（MPa），其中：

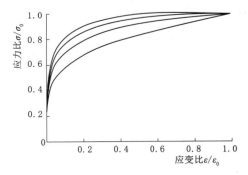

图 2.6　应力-应变关系曲线

$$C = \begin{cases} C_1 = 1.34 \text{MPa （温度梯度方向）} \\ C_2 = 1.90 \text{MPa （冻结锋面内）} \end{cases}$$，各种极限应变近似取 $\varepsilon_0 = 1.2 \times 10^{-2}$。

根据以上分析及处理得到冻土无量纲单轴非线性本构模型为

$$y = (xa^{1-x})^b \tag{2.3}$$

2.3 寒区衬砌渠道冻胀破坏的室内模型试验

寒区的衬砌渠道常常会发生冻胀破坏现象，与其他建筑物的冻胀破坏相比，具有以下特殊性：

（1）结构单薄、刚度不大不小、对土层冻胀变形既不能完全约束又不能很好适应，加之衬砌体的抗折与抗拉强度低，所以基础变形时，较小的结构应力便可能造成衬砌破坏。

（2）即使采用了衬砌及其他防渗措施，渠道输水过程中难以避免地会发生渗漏，增大渠道附近土层含水量，导致土体冻结了后含冰量和冻胀量较其他建筑物大。

（3）渠槽常为梯形、U形或弧底梯形等形状，冻结期呈现双向冻结特点，使得热传导与水分迁移的途径具有二维特征，冻胀量在渠道断面上的分布极不均匀，对衬砌结构的破坏性更大。

（4）输水渠道衬砌一旦破坏产生裂缝甚至脱落，将造成大量水资源的渗漏损失，渗入土层中的水分滞留并冻结后又加剧冻胀，造成渠道结构冻胀破坏的恶性循环。渠道衬砌冻胀破坏不仅包括了强度破坏，而且还包括了失稳滑塌。

为研究寒区渠道在冬季低温条件下，渠槽断面二维空间内土体温度场、水分场及冻胀变形之间的复杂耦合特征，以及由此引起的冻土与衬砌结构相互作用规律，设计了深埋地下水饱和渠基土衬砌渠道的冻胀模型试验，对冻土与衬砌结构间的接触层进行观测并分析其产生的原因。

2.3.1 试验材料与方法

2.3.1.1 模型设计

设计了深埋地下水位饱和土渠道冻胀破坏模型试验，横断面渠槽深 40cm，坡比 1∶1.5，渠底宽 40cm，渠顶基土厚 100cm，渠底基土厚 60cm，纵向总长度 200cm。模型修建在 200cm×200cm×100cm 的模型箱中。采用具有近似强度、密度且导热系数相差不大的瓷砖代替混凝土衬砌，依然以水泥砂浆作为垫层，砂浆层与瓷砖总厚度为 2cm。在渠道纵向定为 Z 轴，竖向为 Y 轴（向下为正），水平向为 X 轴［图 2.7（a）］。用 50cm 厚聚苯烯泡沫板紧贴模型箱四周，并在缝隙处填充玻璃棉作为模型的绝热边界，在模型底部铺设 5cm 砂砾石，上覆纱布用以模拟渠基底部的透水边界。为了模拟不同深度的地下水位，在模型四角埋设四根长度 1.2m，直径 50mm 的 PVC 管，管底插入砂砾石层内部，在管身下部 50cm 长度内按梅花状分布钻孔，并用纱布包裹管身与管底以阻止土颗粒进入管中。在渠道纵向 Z＝50cm 和 150cm 位置处的横断面上分层埋设了温度和水分传感器，在衬砌表面架设了位移传感器。温度传感器与水分传感器分别埋设在横断面两侧［图 2.7（b）］。位移传感器垂直衬砌表面架设，以测量衬砌法向位移。在渠道纵向中间位置 Z＝100cm 处不铺设衬砌，埋设分层冻胀测杆和监测水位的 PVC 管，管内放置压力式水位传感器。渠道模型及分层冻胀计细节如图 2.8 所示。

2.3.1.2 试验材料

土样选用粉质黏土（即兰州黄土，比重为 2.70，粉粒含量为 58.6%，黏粒含量为

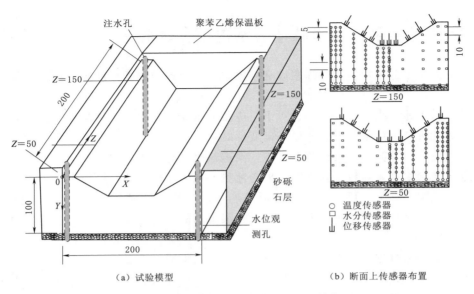

（a）试验模型　　　　　　　　　　　　（b）断面上传感器布置

图 2.7　试验模型和断面上传感器布置（单位：cm）

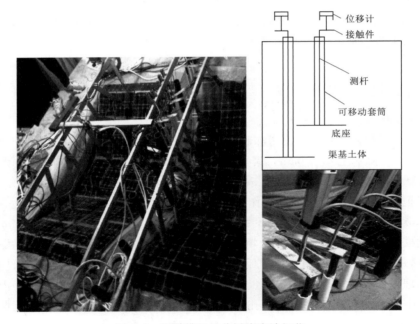

图 2.8　渠道模型及分层冻胀计细节

34.3%，塑限为 17.7%，液限为 24.6%），夯筑模型前对土样进行筛选，去除杂质后堆放在地面上，向土堆上均匀浇水直至土堆湿润，放置 1d 后继续浇水，如此存放 3d，待水分充分均匀地分布于土堆后，制备得到质量含水率为 17%～22% 的土样。

2.3.1.3　试验设备

试验设备由冷库、制冷系统、传感器和数采仪四部分组成。制冷系统包括压缩机，数控面板和风扇，通过强制对流方式对模型进行冻结。传感器包括热敏电阻式温度计（15个一组，共16组），TDR式水分计（60个），电阻式位移计（28个）和水位计（7个）4种类型。为测量土体分层冻胀位移，加工制作了冻胀测杆，其下端为10cm×10cm×0.2cm方形钢板，板上焊接直径1cm细钢管，钢管上套直径2cm的PVC管，加工制作了冻胀杆上端的接触件，接触件加大位移计与冻胀杆间接触面积，防止滑动且可以绕冻胀杆360°旋转（图2.8）。在模型上方架设了位移计支架体系，由模型两边支座和三根横梁组成，材料选用3cm×6cm方钢管以有效减小体系的挠度，保证测量精度。数采系统由CR3000型数采仪和5个扩展板组成。放置于塑料箱子中，箱中底铺有硅胶干燥剂，箱盖用聚氨酯发泡剂密封，这样可以有效防止数采系统受潮湿冷库潮湿空气影响。

2.3.1.4 试验初始条件设置

注水放置336h后，水分传感器数值不再发生变化开始降温，试验环境温度初始设置为−20℃，20h后土体冻透，这时升温至−15℃并保持150h以便土体中形成较为稳定的温度场。随后停止降温后使土体在室温（平均温度17.2℃）下自然回温。

2.3.2 试验结果与分析

2.3.2.1 渠道温度场

由图2.9可以看出，在降温初期，各深度土体的温度下降速率较快；50h后，环境温度稳定，土层各深度降温速率趋于平稳；200h后，环境温度由−20℃升高至−15℃，土体温度先随之升高，而后随着环境温度稳定又开始下降并逐渐接近环境温度。本书选取左半边渠道断面内的初始温度场，50h、200h、350h温度场进行分析。由整个试验过程中温度等值线图的变化可以看出，渠道上部的冻结速率高于下部，温度等值线开始平行于渠道边界的轮廓线，但随着试验进行，温度等值线开始变为水平（图2.10）。

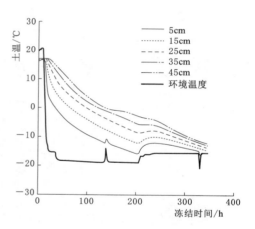

图2.9 降温过程线及渠底
土体各深度温度过程线

2.3.2.2 渠基土水分场变化

由图2.11可知，试验开始前，渠基土初始体积含水率为39%～45%，在渠坡中央的土体内含水率最大，而靠近渠侧边界处含水率最小。试验开始30h后，渠堤与渠坡中上部土体水分等值线开始密集，未冻水含量数值迅速减小。与此同时，在等值线密集区域下方，出现了水分等值线的峰值区域。垂直等值线作一条方向箭头，指向含水率高处，水分聚集方向为渠堤和渠坡上部土体冻结区位置。

随试验继续进行，冻结区开始向渠坡下部和渠底发展，60h后，渠坡和渠底处土体开始冻结，并且在冻结区下方分别出现了水分聚集的区域。90h后，渠堤的冻结区下移至与渠底相同高度处，同时渠底下方土体的冻结区的范围有所扩大，此后的60h内，渠堤和渠坡处冻结区的位置下移缓慢，范围逐渐缩小，且其下方水分聚集区内的含水率也随之减

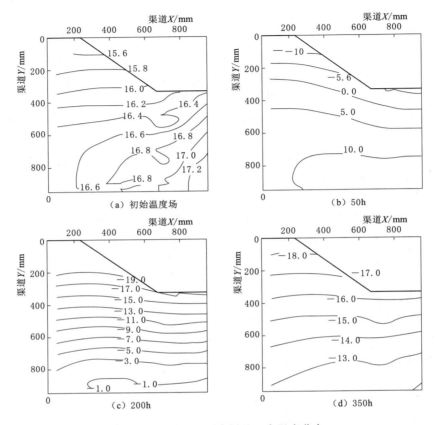

图 2.10　试验过程中渠基土内温度分布

[X、Y 坐标定义见图 2.7（a）]

小；而渠底处冻结区开始向下发展，冻结区范围和其下方水分聚集区内的含水率几乎保持不变。此外，可以看出，随着试验的进行，在冻结缘下方的含水率等值线逐渐由水平变为竖直，说明未冻水迁移形式由开始的竖直迁移变为兼有竖直迁移与水平迁移。

2.3.2.3　渠道冻胀位移

由于弹性模量、冻胀产生原因的差异，衬砌与土体冻胀变形并不完全一致。为此，试验中分别对土体分层冻胀量和衬砌表面总体冻胀量进行了测量。

1. 渠基土体的冻胀变形

为测量土体自身冻胀量，在模型中部留有未衬砌渠道断面，并在该断面的渠堤、渠坡中部、渠坡脚和渠底中部的位置埋设了 4 组分层冻胀计。以土表层为原点且竖直向上为正方向，冻胀计底座放置位置分别为 −5cm、−15cm、−25cm，在试验中所测量的位移值代表该位置以下土体的位移，相邻两个位置测量位移值差值表示两个位置之间土体的变形。

由分层冻胀计测量结果可以看出（图 2.12），渠基土冻结时逐层产生冻胀位移，而未发生冻胀的土层则会产生一定的压缩沉降。在所有冻胀土层中，−25～−15cm 中间 10cm

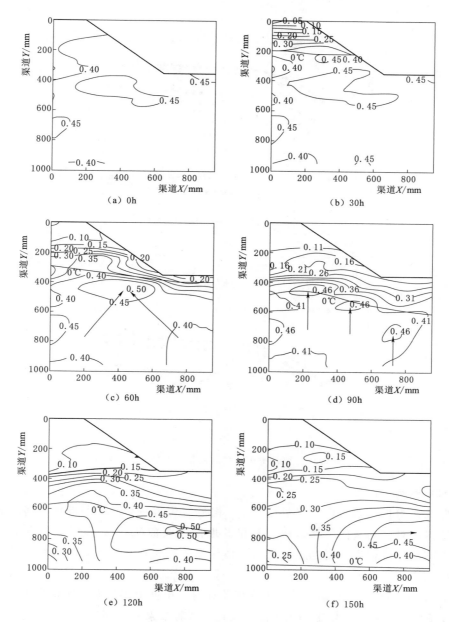

图 2.11 试验过程中渠基土含水率等值线图及 0℃等温线
[X、Y 坐标定义见图 2.7 (a)]

厚的土层所产生的冻胀量最大，占总冻胀量的 $50\%\sim70\%$。

对比渠顶、渠坡、坡脚和渠底的分层冻胀量，可以看出，渠坡总冻胀量最大 (17.4mm)，其次是渠顶 (13.4mm)，而渠底最小且渠底坡脚 (10.4mm) 小于渠底中心 (12.6mm)。此外，冻结土体冻胀变形时，下层未冻土体有不同程度的沉降变形，其中渠底最大，-15cm 处达到了 3.9mm（-25cm 处没有测量）；其次是渠顶；深层土体压缩量最小位置在渠坡，−15cm 处只有 0.16mm，可以忽略。

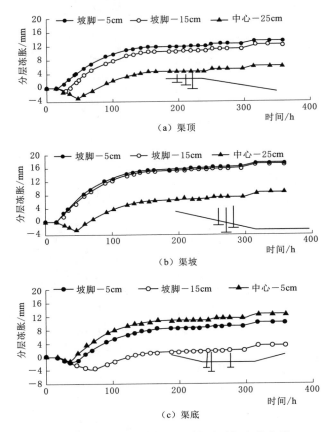

图 2.12 渠基土体分层冻胀量随时间变化曲线

2. 衬砌结构法向位移

在渠道 Z 方向（Z 方向定义见图 2.7）相距 100cm 的两个平行断面上各布置了 9 个位移传感器，对衬砌法向位移进行了测量并取两个断面相同 X 坐标上位移值平均值作为最终衬砌法向位移值，得到了衬砌与土体法向冻胀位移在渠道断面上的分布〔图 2.7 (a)、(b)〕。

在图 2.13（a）中，衬砌开始产生冻胀位移时，渠坡中部法向冻胀量最大，随后渠底冻胀量逐渐增大直到与渠坡中部相等甚至超过。试验结束后（350h 后），温度升高，渠坡中上部连同渠顶率先开始沉降。

在图 2.13（b）中，土体开始产生冻胀位移时，同样是渠坡中部法向冻胀量最大，而渠底有一定程度的沉降量，随着试验进行，渠顶、渠坡和渠底冻胀量增加，但是依然保持渠坡中部最大，坡脚最小，而其他位置冻胀量相差不大，融化期渠坡中部与渠顶率先沉降。对比两图可以看出对渠道进行衬砌后冻胀量分布较为均匀，且渠坡中下部和渠底冻胀量较大；而未衬砌渠道渠基土冻胀分布极为不均匀且最大冻胀位置在渠坡中部附近；在融化期，衬砌与未衬砌渠道都在渠坡与渠顶位置率先发生沉降。

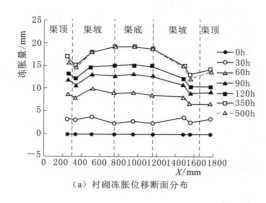

(a) 衬砌冻胀位移断面分布

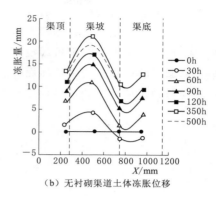

(b) 无衬砌渠道土体冻胀位移

图 2.13 衬砌冻胀位移与土体总冻胀位移断面分布

[X 坐标定义见图 2.7 (a)]

2.3.3 冻胀破坏机理探讨

2.3.3.1 温度场和水分场耦合作用对渠道冻胀的影响

试验表现为土体冻结锋面推进速度（以下简称冻结速率）从渠顶至渠底递减。原因是渠顶较为平坦和开阔，空气流速大，加之渠顶为双向冻结，从而对流换热效率最高，加速了渠顶土体的冻结。而对于渠底来说，情况正好相反，冷空气经过渠顶和渠坡的阻挡流速降低且温度升高，且渠坡土体对渠底土体产生了侧向的保温作用，所以冻结速率最低。渠道断面形状、风速场以及土壤水分的制约作用，梯形渠道由渠顶、渠坡到渠底由双向冻结转变为单向冻结，冻结速率由大变小；冻胀量呈渠坡最大，渠顶、渠底较小的分布特点（图 2.14）。

2.3.3.2 渠基土分层冻胀-挤压变形与渠坡失稳分析

由于渠顶和渠坡土体先发生冻胀，对渠底和坡脚土体产生挤压，所以渠底尤其是坡脚表层土体在冻胀前会产生较明显的沉降变形，而且随着深度增加，土体受到挤压更甚从而沉降量也越大。在渠坡处表层土体有冻胀，深层挤压较弱，在渠底土体挤压作用明显，在渠坡与渠底交界的坡脚，土体受挤压最为严重。据此预测，在反复冻融循环情况下，寒区渠道渠坡处土体逐渐疏松，可能成为水分富集区域造成冻结期冻胀量逐年增大而融化期土体失稳向下滑动，而坡脚处容易产生土体剪切破坏和渠坡失稳。

2.3.3.3 衬砌与基土的位移不协调性

衬砌结构整体性强、刚度大，当渠坡土体产生较大冻胀量将上方衬砌板顶起

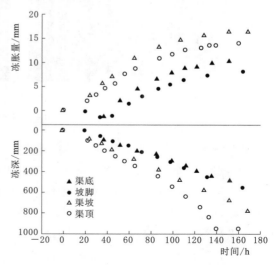

图 2.14 渠基土不同部位冻胀量曲线与冻深曲线

27

后，会对下方渠底处衬砌板产生向上的牵引力（图 2.15），在冻胀开始渠底处的衬砌便会脱离土体并且随着冻胀发展衬砌与土体间隙将加大。在融化期，温度较高的渠底土体应该首先恢复变形，但是渠底衬砌板却没有首先复位而是从渠坡中上部和渠顶开始。实验表明由于渠道断面形状的影响使渠道断面各点的地下水埋深及温度场不同，渠道基土冻胀不同步，基土与衬砌位移不协调，导致衬砌与基土脱空以及衬砌拉裂等现象的发生。

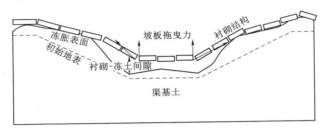

图 2.15　土体与衬砌冻胀变形关系

2.3.3.4　土体与衬砌结构相互作用界面特性

降温结束后，将渠道 $Z=20\mathrm{cm}$ 处断面上衬砌揭开进行观察。发现冻土与衬砌并非紧密结合，而是在两者间存在一层厚度不一的纯冰层，冰层完全将土颗粒排挤在下方。冰层厚度最薄处为 1mm，位于渠坡与渠顶靠近渠坡位置，最厚为 3mm，分布在渠坡接缝处和渠底部分（图 2.16）。

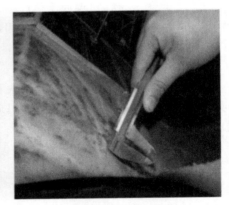

（a）渠顶冰层　　　　　　　　　　（b）渠坡及其接触处冰层

图 2.16　衬砌板与土体界面的纯冰层现象

土与衬砌在界面上并非完全紧密接触而是存在较大的间隙，当渠道表面温度降低时，衬砌结构温度降低很快，水分首先在衬砌下表面冻结，土壤中的水分在势能梯度作用下不断向衬砌板处迁移并且被阻隔在衬砌板与土体的间隙内。无法继续向上迁移的水分逐渐冻结并将附近土颗粒向四周排挤，最终在界面形成分凝冰层。在冻结期，除土体冻胀变形外，界面冰层也是造成衬砌结构冻胀量的一个因素，而且冰层产生的冻结力限制了结构的相对位移；在温升初期，冰层表面自由水膜增多，此时衬砌结构置于光滑的冰水面上，导致滑动的危险；温升后期，分凝冰层完全消失，表层土体成为丧失强度的超饱和泥浆层，进一步加剧了渠坡衬砌的整体滑动失稳。

2.4　湿干冻融耦合循环作用下渠基膨胀土裂隙及强度演化规律实验

2.4.1　湿干冻融耦合作用下渠基土裂隙演化与结构损伤规律

　　渠道现场经历着复杂的气候环境变化，主要为通水—停水—冻结—融化四个过程，以新疆某供水渠道为例，其典型的变化如下：每年的 4—9 月为供水期，其余时段皆不供水，其中，9—11 月初为渠道的干燥过程，之后环境温度逐渐降低，基土发生冻结，至来年 3 月底左右升至 0℃以上，此时渠道处于融化阶段（图 2.17）。上述即为渠道的湿干冻融过程。对膨胀土渠道，其在湿干冻融耦合循环的环境中，易形成裂隙，对其强度、渗透及变形特性造成较大影响。下面重点分析冻融过程对膨胀土裂隙演化特征的影响，通过切片裂隙率、分支数和弯曲度等三维裂隙结构指标对土体内部裂隙的空间分布及连通特征进行定量化描述，进一步研究不同湿干及湿干冻融耦合循环次数对裂隙网络演化规律的影响；最后通过裂隙体积法和三维分形维数法对湿干及湿干冻融耦合循环作用下土体内部整体的裂隙网络结构进行评价。

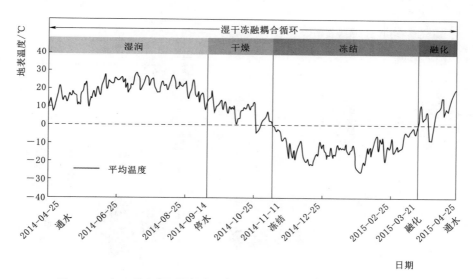

图 2.17　寒区供水渠道典型通水、停水、冻结、融化日期及外界环境

2.4.1.1　试验材料与方法

　　为了较真实地模拟现场渠基土在经历湿干冻融耦合循环作用后裂隙所呈现出由表层向深部发育的演化过程，选择试验的温度边界为单向施加，即仅试样上表面受温度边界条件影响。实际操作中，通常选择将压制完成的试样（连同模具）置于四周及底部隔热的装置中以达到单向环境边界加载效果。

　　土体裂隙的生成和发展是一个三维过程，不能单独从表面裂隙进行分析。为解决这一问题，试验在中国科学院西北生态环境资源研究所 CT 系统上进行。CT 扫描系统进行试验时的扫描电压为 120kV，电流为 235mA，水平分辨率为 0.3mm×0.3mm/pixels，扫描层厚为 3mm（即体素为 0.3mm×0.3mm×3mm），分别在湿干及湿干-冻融耦合循环的第 1、第 3、第 5 和第 7 次后进行，共计 8 次。

2.4.1.2 CT 图像的采集、分割及三维重建过程

将到达预定循环次数的试样（同时完成密封静置 24h）置于 CT 床试验区域，调整试样位置使其侧壁与顶部激光相垂直。以初始试样为例，CT 扫描从试样底部开始至顶部停止，对 CT 图片进行裁剪，去除有机玻璃模具对试样的影响，最终得到试样直径为 199.8mm，如图 2.18 示。随后试样转化为 8bit 灰度图像以方便后续处理，在此基础上对图像采用中值球形滤波法以达到降低高频噪声的目的。随后是图像分割部分，采用自主开发的全局选取方法结合局部验证两个步骤对试样裂隙分割的阈值进行选取。最后采用 imageJ 中的 3Dviewer 插件对 CT 扫描后的图像直接进行三维重建。

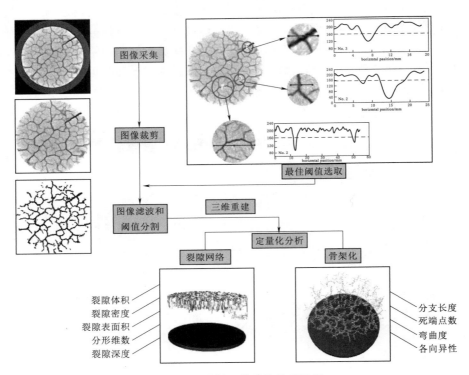

图 2.18 试样三维裂隙处理流程

2.4.1.3 结果与分析

1. 试样内部切片裂隙率及裂隙深度分布

图 2.19 为经历不同湿干和湿干冻融耦合循环次数下试样内部 CT 切片裂隙率沿深度的分布。将裂隙沿试样深度方向的发育过程划分为 3 个典型区域：（Ⅰ）贯穿区（试样顶部至 $a-a'$ 位置）；（Ⅱ）渐变区：（$a-a'$ 位置至 $b-b'$ 位置）；（Ⅲ）无影响区（$b-b'$ 位置至试样底部）。对于贯穿区，耦合循环中的冻融过程并未加剧裂隙的发育，裂隙的生长主要受湿干循环影响；而渐变区（Ⅱ）裂隙发育深度较贯穿区存在较大差异，主要表现为湿干

冻融耦合循环作用较湿干循环作用，其渐变区下边界（$b-b'$）发生显著下移，下移量约占湿干循环渐变区长度的43.5%，可认为耦合循环中的冻融过程对渐变区内裂隙发育深度产生较大影响。

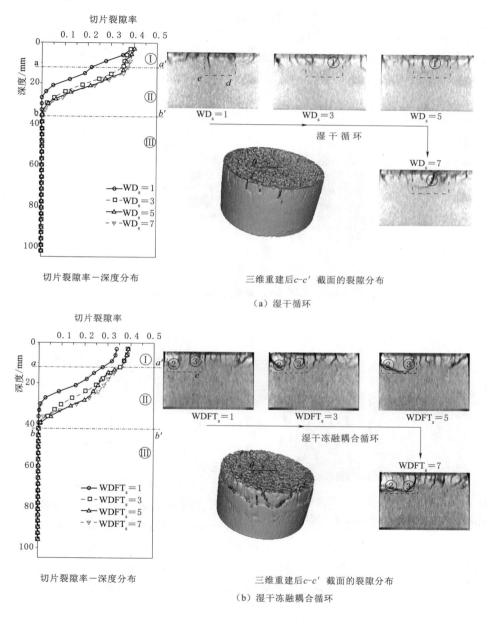

图 2.19　湿干及湿干冻融耦合循环作用下试样内部裂隙分布

2. 试样内部非水平裂隙长度及连通性特征

图 2.20 为湿干及湿干冻融耦合循环作用下试样内部非水平裂隙长度。可以看出，湿干及湿干冻融耦合循环作用均对膨胀土试样内部裂隙拓展规律产生影响显著，裂隙沿深度

方向均存在区域性、汇聚性及偏转特性的空间分布特征。但对两种作用下裂隙的水平及非水平分支数进行统计后发现，耦合循环作用后的分支数明显小于非耦合情况。产生这一现象主要因为耦合循环中的冻融过程造成试样内部长裂隙向短裂隙进行转化。冻融循环作为一种温度变化的具体形式，是一种特殊的强风化作用，从微细观角度可视为土中矿物、颗粒或土壤团聚体的破碎和重组。试样在干燥阶段生成的裂隙在经历冻融过程后发生破碎断裂，宏观表现为非水平向长裂隙向短裂隙的转化，在数据上体现为非水平和水平方向上裂隙数及长裂隙长度的减小。

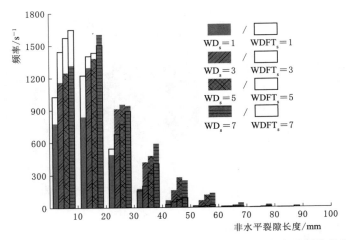

图 2.20　湿干及湿干冻融耦合循环作用下试样内部非水平裂隙长度

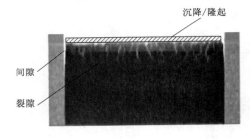

图 2.21　试样在湿干及湿干冻融耦合循环作用下试样内部裂隙的典型剖面

3. 试样内部裂隙网络结构评价

土体裂隙的发育过程与其体积变化密切相关，从试样体积变化角度对湿干及湿干冻融耦合循环作用下裂隙的演化特征进行分析，有助于从机理角度进一步对由裂隙引起的膨胀土劣化问题进行研究。

图 2.21 为试样在湿干及湿干冻融耦合循环作用下内部裂隙的典型剖面。从变形机理角度，试样发生的体积变化可以分为以下三个部分：沉降/隆起部分（V_s）、间隙部分（V_g）和裂隙部分（V_c）。沉降/隆起部分（V_s）表示多次循环下试样上表面较初始状态发生的竖向体积变化。在此基础上引入无量纲的裂隙体积分数 F_{cv} 对膨胀土试样受不同循环次数作用下的裂隙发育情况进行评价。

$$F_{cv} = \frac{V_c}{V_0 - V_g - V_s} \tag{2.4}$$

式中：V_0 为试样未经历循环的初始体积（定值）。

为了更准确地预测湿干及湿干冻融耦合循环次数对膨胀土裂隙体积的影响，对裂隙体积分数随湿干及湿干冻融耦合循环次数的变化情况进行函数拟合，裂隙体积分数分布如图2.22 所示，结果为

$$F_{\text{cv(WD)}} = 7.54 - 6.24 e^{-0.8 N_{\text{WD}}} \quad (2.5)$$

$$F_{\text{cv(WDFT)}} = 9.49 - 6.27 e^{-0.61 N_{\text{WDFT}}} \quad (2.6)$$

4. 试样内部的结构损伤过程

从微观角度对土体黏聚力和内摩擦角进行研究，将土体的黏聚力的变化归结为土颗粒间的胶结强度的变化，而内摩擦角则受颗粒间粗糙程度的影响。大量研究成果表明：单一的湿干、冻融及湿干冻融循环累积作用后试样表面及内部产生裂隙，削弱了颗粒间胶结作用，造成土体黏聚力随循环次数的增加呈现逐渐衰减的变化规律。但上述循环对内摩擦角的影响则不尽相同，随循环次数的增加呈递增、衰减或波动的变化规律，湿干及湿干冻融耦合循环作用下土体微细观损伤演化过程如图2.23所示。

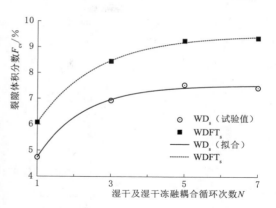

图2.22 湿干及湿干冻融耦合循环作用下裂隙体积分数分布

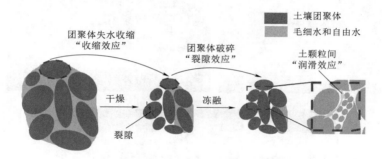

图2.23 湿干及湿干冻融耦合循环作用下土体微细观损伤演化过程

造成上述现象的原因可归纳为以下两点：首先，各试样的初始干密度存在差异，干密度较低试样的颗粒在循环初期存在挤压作用，使得颗粒与颗粒间较难发生滑移，宏观表现为内摩擦角的增大，而干密度较大试样则易产生裂隙，削弱了土颗粒间的法向接触力，造成内摩擦角的减小；其次，试样内部细颗粒的分布对内摩擦角同样产生影响，土颗粒团聚体在经历湿干或冻融作用后发生破碎，生成的细颗粒易嵌入大孔隙中，对颗粒间的滑动起到"润滑效应"，从而造成内摩擦角的降低。故试验的内摩擦角受上述两个方面因素共同影响，也从侧面解释了本次试验中试样在经历多次循环作用后出现的有效内摩擦角变化不大的现象。

2.4.2 湿干冻融耦合作用下膨胀土力学特性

2.4.2.1 试验材料与方法

试验土样取自北疆大型供水渠道工程现场，取样深度为1m。土料在该区域具有代表性，为中胀缩等级的黄色膨胀土。土样颗粒分布曲线如图2.24（a）所示。利用光电式液塑限联合测定仪测得土样的液限为65.9%，塑限为20.3%。通过轻型击实试验获得土样

的最优含水率 w_{opt} 为 24.1%,最大干密度 ρ_{dmax} 为 1.56g/cm³。通过 X 衍射仪确定了土样的矿物成分,其中蒙脱石含量为 61.5%、石英为 31.9%、长石为 6.1%,方解石及钠长石为 0.5%。

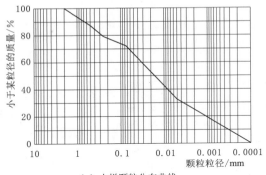

（a）土样颗粒分布曲线

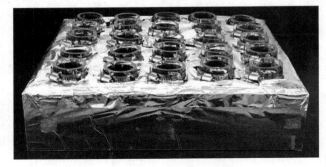

（b）单向环境边界加载装置

图 2.24　试验材料特性与试验装置

根据《渠道防渗工程技术规范》（GB/T 50600—2010），针对大型寒区渠道工程，当采用压实或强夯法提高渠基土密度时，其压实度不得低于 98%。但考虑到渠道自建成运行至今近 20 年，渠基土压实程度较初始状态衰减明显。针对这一问题，结合渠道现场取样实测结果，最终确定本次试验的制样标准：在最优含水率（$w_{opt}=24.1\%$）下配制压实度为 100% 和 95% 的两种试样，对应干密度分别为 1.56g/cm³ 和 1.48g/cm³。上述两种干密度试样所经历的最终循环次数均设计为 7 次，分别在第 0、第 1、第 3 及第 7 次循环结束后进行试验。针对渠道现场由浅层到深部的热量交换过程，通过自行设计的一套单向环境温度边界加载装置实现了试样自上而下单向温度边界的加载，如图 2.24（b）所示。

为了模拟现场干湿交替、冻融循环的自然条件对渠基膨胀土力学特性的影响，采用控制渠基土在由正温变负温时刻的临界饱和度 S_{rcr}，结合通水、停水、正温变负温、负温变正温四个时间节点饱和度的方法，实现了对高寒区渠道现场湿干冻融耦合全过程的模拟。在此基础上设计了考虑湿干冻融耦合循环作用的膨胀土三轴固结不排水剪切试验，试验过程中具体边界条件见表 2.3。

表 2.3　　　　　　　　　　　　　　湿干冻融耦合循环试验边界条件

试验方案	湿润（S_r）	干燥（S_{rcr}）	冻结（S_{rf}）	融化（S_{rt}）
温度/℃	室温	40	−20	20
时间/h	—	至 S_{rcr}	24	36
循环次数	7			
边界施加	抽气饱和	称重法对试样质量进行监控		

　　注　S_r 为土体的最大饱和度；S_{rcr} 为临界饱和度（现场实测），数值上等于 $0.7S_r$；S_{rf} 为冻结完成饱和度；S_{rt} 为融化完成饱和度。

　　采用三轴固结不排水压缩试验获取不同干密度试样经历多次湿干冻融耦合循环后的力学指标。试验共进行了 8 组，试样的干密度（ρ_{d0}）为 1.48g/cm³ 和 1.56g/cm³（对应的压实度为 95% 及 100%），在循环的第 0、第 1、第 3 和第 7 次完成后进行固结不排水试验，每组试样的固结压力依次为 100kPa、200kPa、300kPa 和 400kPa。待固结稳定后进行等应变剪切，至轴向应变达到 16% 时停止，剪切速率为 0.08mm/min。

2.4.2.2　试验结果与分析

　　1. 湿干冻融过程对膨胀土有效抗剪强度指标的影响

　　本节以初始干密度为 1.48g/cm³ 试样的试验结果为例，从耦合角度出发分别研究湿干和冻融过程作用对膨胀土有效抗剪强度指标的影响，试验结果如图 2.25 所示，图中 WD_s 代表单纯湿干循环次数，$WDFT_s$ 则代表湿干冻融循环次数。从图 2.25 中可以发现冻融过程对试样有效黏聚力影响显著，经过 7 次循环结束后，湿干冻融耦合循环对应的有效黏聚力约为湿干循环的 2.04 倍；但冻融过程对试样有效内摩擦角影响较小，7 次循环完后两种环境边界对应有效内摩擦角几乎相同。

　　为了更准确地预测湿干/湿干冻融耦合循环次数对此类膨胀土抗剪强度指标的影响，对有效黏聚力及有效内摩擦角随湿干/湿干冻融耦合循环次数的变化情况进行函数拟合，具体拟合函数为

$$c'_{WD} = 17.64 + 4.4 e^{-2.04 N_{WD}} \tag{2.7}$$

$$c'_{WDFT} = 12.79 + 8.77 e^{-1.27 N_{WDFT}} \tag{2.8}$$

$$\phi' = 11.51 + 3.33 e^{-0.39 N} \tag{2.9}$$

式中：c' 为有效黏聚力，kPa；ϕ' 为有效内摩擦角，（°）；N 为循环次数。

　　2. 循环次数及干密度对膨胀土有效抗剪强度指标的影响

　　考虑到膨胀土在经历多次湿干冻融耦合循环作用后，不同干密度试样对应的力学性质

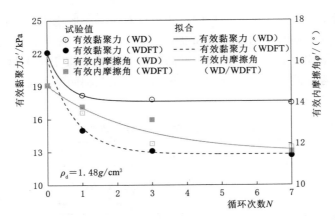

图 2.25　湿干及湿干冻融耦合循环下有效抗剪强度指标-循环次数关系曲线

及其衰减规律均存在较大差异，故选择湿干冻融循环作为环境边界条件，重点研究试样干密度及循环次数对膨胀土有效抗剪强度指标的影响。图 2.26 为湿干冻融耦合作用下不同干密度试样对应的有效抗剪强度指标-循环次数关系曲线。两种干密度试样对应的有效黏聚力及有效内摩擦角衰减规律类似，随循环次数的增加均呈递减趋势。至 7 次循环结束，低干密度试样的有效黏聚力及有效内摩擦角较初始状态分别下降了约 42.5% 和 14.9%；而高干密度试样则分别下降了约 35% 和 24.7%。这说明试样干密度的增加对其有效黏聚力的衰减起到抑制效果，但从总体看，干密度变化对经过多次循环后的有效内摩擦角的影响不大。

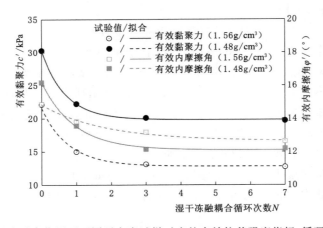

图 2.26　湿干冻融合作用下不同干密度试样对应的有效抗剪强度指标-循环次数关系曲线

　　湿干冻融耦合循环对膨胀土黏聚力的影响主要体现在以下两个方面：一方面膨胀土特殊的黏土矿物组成，使得试样在失水条件下内部孔隙逐渐闭合（收缩），土骨架强度逐渐增加，造成试样整体黏聚力的增加；另一方面试样在经历干燥和冻结过程中，由于基质吸力变化、冰水相变及分凝冰穿刺等作用造成试样内部产生裂隙，破坏了试样的完整性，造成土体强度的降低。故湿干-冻融耦合循环作用对试样黏聚力的影响由上述两个方面因素的叠加效果决定。随着试样干密度的增加，其整体因失水产生的收缩程度逐渐降低，而试

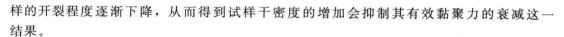

样的开裂程度逐渐下降，从而得到试样干密度的增加会抑制其有效黏聚力的衰减这一结果。

为了更准确地预测湿干冻融耦合循环次数对此类高寒地区膨胀土抗剪强度的影响，对不同干密度试样对应的有效黏聚力及有效内摩擦角随循环次数的变化情况进行函数拟合，其中初始干密度为 1.48g/cm³ 情况对应的函数关系可参考式（2.10）与式（2.11），初始干密度为 1.56g/cm³ 的结果为

$$c'_{1.56} = 19.83 + 10.47e^{-1.47N_{WDFT}} \tag{2.10}$$

$$\phi'_{1.56} = 12.1 + 4.1e^{-1.06N_{WDFT}} \tag{2.11}$$

式中：c' 为有效黏聚力，kPa；ϕ' 为有效内摩擦角，（°）；N 为循环次数。

2.5　本章小结

围绕旱寒区输水渠道冻胀破坏特征、劣化规律与破坏机理，开展了冻土的横观各向同性冻胀与力学本构试验、寒区输水渠道冻胀破坏室内模型试验、湿干冻融耦合作用下渠基土强度衰变特性试验，形成的主要结论如下：

（1）冻胀模型试验结果表明，冻土在纵向和横向的冻胀存在差异，应将其视为正交各向异性冻胀体；建立了冻土平面状态下无约束冻胀的胡克定律，为冻土与建筑物间相互作用的有限元分析提供了理论依据。

（2）冻土力学本构试验结果表明，冻土属于非线性横观各向同性材料，并对 −9℃～−5℃冻土试件 3 个主方向应力-应变关系曲线、切线模量 E 以及各向泊松比 ν 进行了全面实验测定，为建立新的冻土本构模型及强度准则提供了理论依据。

（3）寒区渠道冻胀破坏模型试验结果表明，基土冻胀变形受温度梯度、冻结速率和土体初始含水率控制，渠道断面形状影响渠道热交换，使各部位冻结速率及冻胀变形不一致；渠基土冻胀与衬砌位移不协调，导致渠底衬砌与土体脱空且偏心受拉；土体冻结时与衬砌间形成分凝冰层，传递作用力；温升融化时，冰层消融，表层土体强度丧失，造成渠坡滑动失稳破坏，系统揭示了"基土冻胀融沉＋接触面冻结融化"的协同作用机理。

（4）膨胀性渠基的劣化、失稳是由于反复湿干冻融耦合作用下的强度衰减和结构损伤造成的；通过室内试验手段，建立了裂隙定量化指标与强度参数的关系，为渠道劣化致灾处治提供了基础数据。

第3章　渠道衬砌冻胀破坏
工程力学模型及应用

旱寒区渠道冻胀破坏普遍且严重，严重威胁了输水工程的安全运行。现有规范中，主要依据标准冻深图进行各地的冻深确定，随后结合现场观测或经验公式确定冻土的自由冻胀量，并以此来确定渠道基土的冻胀级别，从而依据经验选取渠道的断面形式。从规范设计方法来看，以经验为主，无法反映出渠道衬砌的冻胀受力状态，无理论依据。因此，有必要结合工程实践和室内外模型试验，提出寒区渠道衬砌所受荷载及其分布，从力学角度建立其理论模型，提出一种设计方法供工程设计人员参考。

3.1　渠道冻胀破坏的工程力学模型

3.1.1　基本假设

渠道衬砌结构在受冻胀过程中，会受到各类复杂荷载的作用，确定衬砌结构所承受的各类荷载是进行衬砌结构冻胀破坏力学分析的前提。结合现场试验和工程实践，发现渠道衬砌主要承受冻胀力和冻结力两类主要荷载。冻胀力是渠道基土给衬砌结构施加的一种不均匀荷载，其量值与土质、水分和气候等条件有关，其方向与衬砌板的板面相垂直，其大小与冻胀变形被约束程度有关。当寒区渠道衬砌板与渠基土间的水分发生冻结时，两接触表面因发生冻粘现象而产生冻结力，即渠床基土对渠道衬砌施加的被动约束。当衬砌与土体有相互滑动趋势时，则表现为切向冻结力，其最大值主要与土壤质地、水分和温度状况有关。冻土与渠道衬砌结构之间的相互作用方式非常复杂，影响因素众多且各因素间存在不同程度的耦合，对其作用机理的量化分析非常困难。在建立力学模型时，依据上述特征、破坏原因，特作出如下基本假设与简化：

（1）冻土与混凝土衬砌的形变均在线弹性范围内，可应用叠加原理。

（2）冻土的弹性模量远小于混凝土的弹性模量，冻土不参与衬砌板的弯曲变形，只对衬砌板施加冻胀力，并提供被动冻结约束。

（3）冬季渠道基土的温度下降缓慢且负温持续时间长，可认为基土冻结速率缓慢，冻结过程为准静态过程，即衬砌结构受冻胀的过程中始终处于平衡状态，冻胀破坏时则处于极限平衡状态。

（4）渠堤顶部基土含水量达到起始冻结含水量或低温下地下水位能够补给到渠顶。

3.1.2　梯形渠道

3.1.2.1　梯形渠道冻胀破坏特征与规律

梯形断面是渠道防渗工程中应用最广泛的一种断面形式。梯形渠道混凝土衬砌发生冻胀破坏主要包括两方面原因：一是混凝土衬砌为刚性衬砌，板薄、体轻，具有一定的抗压强度，但抗拉和抗弯性能较差；二是由于渠道基土和衬砌板间的冻结约束，导致衬砌结构的不均匀冻胀变形得不到释放，产生较大的弯矩，当超过其承载能力时，衬砌结构易发生破坏。其冻胀破坏规律阐述如下：

（1）渠床基土产生不均匀冻胀的原因是槽形渠道改变了原来的水分、气象、受力状态，上部冻深大，底部冻深小，冻胀方向是渠侧向里、渠底向上。

（2）渠道不同部位的地下水位埋深不同，各部位冻胀变形亦不同。渠底自由冻胀量大，渠坡底部冻胀量大于上部，冻胀变形分布不均匀。

（3）渠底板两端冻胀变形受边坡板约束，中部大、两端小，往往在底板中部弯折断裂。渠坡板上部法向冻胀量小，坡板与渠堤顶部冻结为一体同步变形，上部受冻结力约束；下部法向冻胀量大，但受底板限制，导致中下部冻胀变形较大，易发生弯折断裂。

（4）渠坡板对底板冻胀变形的约束使底板成为压弯构件，渠底板及渠坡冻土的冻结约束使渠坡板成为偏心受压构件，易在弯矩最大处发生折断破坏。

3.1.2.2 梯形渠道冻胀破坏力学模型

（1）计算简图。基于衬砌渠道冻胀破坏特征及破坏机理，简化衬砌板为承受法向、切向冻结力及法向冻胀力等作用的两端简支梁。假设法向冻胀力沿渠坡板线性分布，坡顶为 0，坡底达到最大值（q_0），底板承受均布法向冻胀力，且与坡底法向冻胀力数值相等；底板上抬产生的顶推力（N）使坡板产生切向冻结力，且沿坡长线性分布，坡顶为 0，坡脚处达到最大值（τ_0），忽略底板承受的切向冻结力。梯形渠道衬砌板受力计算简图如图 3.1 所示。

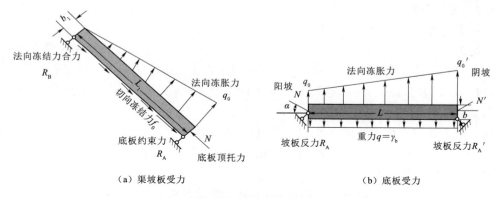

（a）渠坡板受力　　　　　　　　　　　（b）底板受力

图 3.1 梯形渠道衬砌板受力计算简图

（2）力学模型建立与求解。基于受力平衡方程，可得渠坡板任一点的弯矩、轴力及剪力值为

$$M(x) = \frac{1}{6} q_0 L_1 x - \frac{q_0 x^3}{6 L_1} + \frac{\tau_0 b_1 x^2}{4 L_1} \tag{3.1}$$

$$N(x) = \frac{\tau_0 x^2}{2 L_1} \tag{3.2}$$

$$Q(x) = \frac{1}{6} q_0 L_1 - \frac{q_0 x^2}{2 L_1} \tag{3.3}$$

法向冻胀力与切向冻结力关系为

$$\frac{q_0+q_0'}{2}=\frac{rb+\dfrac{L_1}{2L}\ (\tau_0+\tau_0')\ \sin\alpha}{1+\dfrac{2L_1}{3L}\cos\alpha} \tag{3.4}$$

底板任一点位置的弯矩、轴力及剪力值为

$$M_{\mathrm{d}}(x)=\frac{(q_0-q)\ x^2}{2}+\frac{(q_0'-q_0)\ x^3}{6L}-(N\sin\alpha-R_{\mathrm{A}}\cos\alpha)\ x \tag{3.5}$$

$$N_{\mathrm{d}}=\left(\frac{1}{3}q_0\sin\alpha+\frac{1}{2}\tau_0\cos\alpha\right)L_1 \tag{3.6}$$

$$Q_{\mathrm{d}}(x)=N\sin\alpha-R_{\mathrm{A}}\cos\alpha+(q-q_0)\ x-\frac{(q_0'-q_0)\ x^2}{2L} \tag{3.7}$$

（3）失效准则。衬砌板以拉裂为主，引入最大拉应变准则，对渠坡板及底板是否破坏进行判断，方程为

$$\sigma_{\max}=\frac{6M}{b}-\frac{N}{b} \tag{3.8}$$

$$\frac{\sigma_{\max}}{E_{\mathrm{c}}}\leqslant\varepsilon_{\mathrm{t}} \tag{3.9}$$

将渠坡板的最大弯矩及轴力值、渠底板的跨中弯矩及轴力值代入，即可对渠道衬砌板是否发生破坏进行判断，并可进行相应的渠道断面防冻设计。

3.1.2.3　案例分析

有一素混凝土衬砌的梯形渠道，渠深 2.0m，边坡 1：1，底板宽度 2.0m，边坡板及底板厚均为 $b=0.20$m，C15 混凝土，渠床土壤为壤土，阴坡冻土层的最低温度 $-15℃$，阳坡冻土层的最低温度 $-12℃$，判断该衬砌结构是否会发生冻胀破坏及可能胀裂的部位。

（1）最大切向冻结力 τ_0 计算。$\tau_0=c+mt$，取 $c=0.4$kPa，$m=0.6$kPa/℃，则 $m_0=9.4$kPa。

（2）最大法向冻胀力及胀裂部位（阴坡）。有关结构尺寸，板厚 $b_1=b=20$cm，底板宽 $L=2$m，$L_1=2.83$m，$\alpha=45°$，$r=24$kN/m³，由式（3.4）解得法向冻胀力 $(q_0+q_0')/2=8.00$kPa，其中 $q_0=8.7$kPa，$q_0'=8.7$kPa，由式（3.1）求导可得，可能胀裂部位：$x_0/L_1=0.626$，因此，可能胀裂部位在三分点稍偏上处，与工程冻害部位基本相符。

（3）渠坡板冻胀破坏判断。由式（3.1）和式（3.2）算得 $M(x_0)=4.84$kN·m/m，$N(x_0)=5.2$kN/m，由式（3.8）得 $\sigma_0=0.7$MPa，小于混凝土极限抗拉应力值 1.1MPa，因此，渠坡板不会发生冻胀破坏，与工程实际相符。

（4）渠底板冻胀破坏判断。由式（3.5）和式（3.6）算得 $M(x_0)=1.6$kN·m/m，$N(x_0)=15.08$kN/m，由式（3.8）得 $\sigma_0=0.17$MPa，小于混凝土极限抗拉应力值 1.1MPa，因此，渠底板不会发生冻胀破坏，与工程实际相符。

由此可见，对于窄底深渠梯形混凝土衬砌渠道，当边坡板与底板同厚时，先从边坡板（阴坡）发生冻胀破坏，因此宜采用宽浅式更合理。由以上计算结果可以初步判断，采用 20cm 厚混凝土板衬砌是不尽合理的，按抗冻胀考虑，渠底板宜适当减薄。

3.1.2.4 模型评价

该渠道衬砌冻胀破坏力学模型只要根据有关冻土土质、水分及温度状况确定了切向最大冻结力，再结合渠道几何要素及衬砌材料的力学指标和衬砌结构的有关参数，就能计算出各控制内力及应力，并能判断是否发生胀裂现象及冻胀破坏，从而使这一复杂问题及一系列冻土物理力学单项指标测定问题转化为很容易测定的综合指标，使问题简单化、定量化。当然关于最大切向冻结力 f_o 的取值，还需要进行详细的室内外试验研究。

3.1.3 弧底梯形渠道

3.1.3.1 弧底梯形渠道冻胀破坏特征与规律

近年来，弧底梯形、弧形坡脚梯形和 U 形等曲线形断面衬砌渠道以其水流条件好、输沙能力强、结构受力条件好、结构复位能力强等优点，得到了越来越广泛的应用。通过对灌区混凝土衬砌渠道运行状况的实地考察和分析可以发现，弧底梯形渠道与一般的梯形渠道相比，由于其优良的整体性和对冻胀变形较强的适应能力，混凝土衬砌板承受的法向冻胀力大小分布不均匀的现象得到了显著改善，从而保证了其发生冻胀破坏的可能性明显小于一般的梯形混凝土衬砌渠道。弧底梯形渠道混凝土衬砌的冻胀破坏规律主要表现为：

（1）衬砌结构顶部所受的冻胀力和冻结力较小，而在渠底较大，故渠底中线附近常常容易产生裂缝。

（2）弧底梯形断面为连续变化的曲线形断面，在坡脚处无突变，坡板和底板强制约束，整体性较强，在冻胀作用条件下，阴阳坡冻胀力大小的差异使衬砌结构整体发生侧移，使衬砌两侧的冻胀力和冻结力分布趋于对称，使渠底的法向冻胀力分布趋于均匀，并使冻胀变形得到一定程度的释放。

（3）渠道弧底的法向冻胀力易使衬砌结构整体上抬，但由于其整体性好，复位能力强，所以实际上这种整体上抬通常不会造成结构的破坏。

综上可知，弧底梯形渠道的混凝土衬砌结构可以近似简化为在法向对称分布冻胀力及重力作用下，在切向冻结力约束下，保持静力平衡的整体拱形结构。

3.1.3.2 弧底梯形渠道冻胀破坏力学模型

（1）计算简图。弧底梯形渠道边坡板长为 L，弧半径为 R，衬砌板厚为 b，坡角为 α，边坡 $m = \mathrm{ctg}\alpha$。根据上述分析，可假设渠坡衬砌板上的法向冻胀力沿渠坡线性分布，坡角处（坡板与弧底相接处）最大 q，渠顶为 0，弧底法向冻胀力均匀分布；渠坡衬砌板上切向冻结力沿坡长线性分布，在坡角处达到最大值 τ，在弧底上为线性分布，中心线上为零。其法向冻胀力和切向冻结力反力分布如图 3.2 和图 3.3 所示。

根据图 3.2 和图 3.3 所示，建立静力平衡方程，但因切向冻结力最大值由阳坡衬砌板与冻结基土之间的最大冻结力，确定其值取决于土质、负温及土壤含水量等因素，属已知反力。因此，弧底梯形渠道衬砌结构上所受的外力只有一个未知力即法向冻胀力 q，只需列出竖向静力平衡方程，即可得

$$qL\cos\alpha + 2qR\sin\alpha = \tau L\sin\alpha + 2b\gamma(L + R\alpha) \tag{3.10}$$

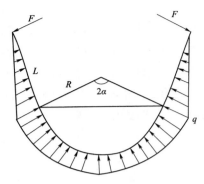

图 3.2　法向冻胀力分布

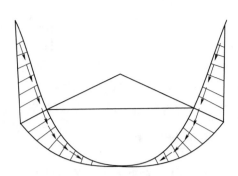

图 3.3　切向冻结力反力分布

则由式（3.10）得法向冻胀力最大值为

$$q = \frac{\tau}{m+n} + \frac{(2+\alpha n)}{(m+n)} \frac{b\gamma}{\sin\alpha} \tag{3.11}$$

（2）力学模型求解。

1）边坡板。取坐标原点在坡顶处，并取沿渠线单位长度衬砌板为研究对象，则其轴力、弯矩和剪力方程为

$$N(x) = \frac{-(\tau+\gamma b \sin\alpha)}{2L} x^2 \quad (0 \leqslant x \leqslant L) \tag{3.12}$$

$$M(x) = \frac{-\tau b x^2}{4} + \frac{q x^3}{6L} - \frac{\gamma b \cos\alpha x^2}{2} \quad (0 \leqslant x \leqslant L) \tag{3.13}$$

$$Q(x) = \frac{q x^2}{2L} - \gamma b \cos\alpha x \quad (0 \leqslant x \leqslant L) \tag{3.14}$$

由式（3.13）、式（3.14）可知，边坡板最大内力发生在坡脚位置处，此处内力值即为其控制内力，其值可根据式（3.15）～式（3.17）直接求得

$$N = -\frac{(\tau+\gamma b \sin\alpha) L}{2} \tag{3.15}$$

$$M = \frac{q L^2}{6} - \frac{\tau b L^2}{4} - \frac{\gamma b L^2}{2} \cos\alpha \tag{3.16}$$

$$Q = \frac{q L}{2} - \gamma b \cos\alpha L \tag{3.17}$$

2）弧底板。在弧底板内力计算时，为计算方便，将坐标原点设在弧底中心处，具体分析简图如图 3.4 和图 3.5 所示。

显然，弧底板的控制内力在弧底位置和坡角处，其各控制断面内力如下：

第一部位控制内力即坡角处 N、M、Q（亦即弧底板端），其值为式（3.15）～式（3.17）。

第二控制断面即弧底中点位置处 M_0、N_0，方程如下：

$$M_0 = R^2 \sin^2\alpha \frac{q}{2} + \frac{QR \sin 2\alpha}{2} + M + 2NR \sin^2\frac{\alpha}{2} - \frac{\gamma b R^2 \sin\alpha}{2} \tag{3.18}$$

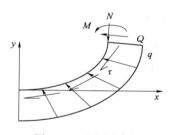

图 3.4 弧底板受力

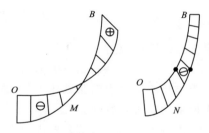

图 3.5 弧底板内力

$$N_0 = -Q\sin\alpha + N\cos\alpha - q(R - R\cos\alpha) - \frac{\tau R}{\alpha}(\alpha\sin\alpha + \cos\alpha - 1) \tag{3.19}$$

（3）失效准则。衬砌板以拉裂为主，引入最大拉应变准则，对渠坡板及底板是否破坏进行判断，方程为

$$\sigma_{max} = \frac{6M}{b} - \frac{N}{b} \tag{3.20}$$

$$\frac{\sigma_{max}}{E_c} \leqslant \varepsilon_t \tag{3.21}$$

将渠坡板的最大弯矩及轴力值、渠底板的跨中弯矩及轴力值代入，即可对渠道衬砌板是否发生破坏进行判断，并可进行相应的渠道断面防冻设计。

3.1.3.3 案例分析

以泾惠渠四支渠试验段一素混凝土衬砌的弧底梯形渠道为例，C15 混凝土，$\gamma = 24\text{kN/m}^3$，边坡板长 L 为 1.32m，弧半径 R 为 2.03m，衬砌板厚为 0.15m，坡角为 45°。渠床土壤为壤土，阴坡冻土层的最低温度为 $-15℃$，阳坡冻土层的最低温度为 $-12℃$，判断该衬砌结构是否会发生冻胀破坏及可能胀裂的部位。

（1）最大切向冻结力 τ_0 计算。$\tau_0 = c + mt$，取 $c = 0.4\text{kPa}$，$m = 0.6\text{kPa/℃}$，则 $m_0 = 9.4\text{kPa}$。

（2）最大法向冻胀力。令边坡系数为 m，底弧直径与坡板长之比为 n，即 $m = \text{ctg}\alpha$，$n = 2R/L$，本算例中 $m = 1$，$n = 3.08$。

则由式（3.11）得法向冻胀力最大值为

$$q = \frac{\tau}{m+n} + \frac{(2+\alpha n)b\gamma}{(m+n)\sin\alpha} = 2.30 + 5.53 = 7.83\text{kPa} \tag{3.22}$$

（3）渠坡板冻胀破坏判断。

$$N(x_0) = \frac{-(\tau + \gamma b\sin\alpha)}{2L}x_0^2 = -7.88\text{kN/m} \tag{3.23}$$

$$M(x_0) = \frac{-\tau bx_0^2}{4} + \frac{qx_0^2}{6L} - \frac{\gamma b\cos\alpha x_0^2}{2} = -0.56\text{kN}\cdot\text{m/m} \tag{3.24}$$

$$Q(x_0) = \frac{qx_0^2}{2L} - \gamma b\cos\alpha x_0 = 1.80\text{kN/m} \tag{3.25}$$

最大拉应力为

$$\sigma_{\max} = \frac{6M}{b^2} - \frac{N}{b} = 96.87\text{kPa} \tag{3.26}$$

而混凝土板极限拉应力

$$\sigma_t = \varepsilon_t E_c = 0.5 \times 2.2 \times 10^4 \times 10^{-4} = 1.1\text{MPa} \tag{3.27}$$

因此，渠坡板不会发生冻胀破坏，与工程实际相符。

（4）渠底板冻胀破坏判断。

第一控制点（亦即弧底板端）的内力为

$$N(x_0) = \frac{-(\tau + \gamma b \sin\alpha) L}{2} = -7.88\text{kN/m} \tag{3.28}$$

$$M(x_0) = \frac{qL^2}{6} - \frac{\tau b L^2}{4} - \frac{\gamma b L^2 \cos\alpha}{2} = -0.56\text{kN} \cdot \text{m/m} \tag{3.29}$$

$$Q(x_0) = \frac{qL}{2} - \gamma b \cos\alpha L = 1.80\text{kN/m} \tag{3.30}$$

第二控制断点即弧底中点位置的内力为

$$M_0 = R^2 \sin^2\alpha \, \frac{q}{2} + \frac{QR\sin 2\alpha}{2} + M + 2NR\sin^2\frac{\alpha}{2}$$

$$- \frac{\gamma b R^2 \sin\alpha}{2} = 0.52\text{kN} \cdot \text{m/m} \tag{3.31}$$

$$N_0 = -Q\sin\alpha + N\cos\alpha - q(R - R\cos\alpha) - \frac{\tau R}{\alpha}(\alpha\sin\alpha + \cos\alpha - 1) = -17.88\text{kN/m}$$

$$\tag{3.32}$$

最大拉应力为

$$\sigma_0' = \frac{6M_0}{b^2} - \frac{N_0}{b} = 258\text{kPa} = 0.258\text{MPa} \tag{3.33}$$

同上也可知 $\sigma_0' \ll \sigma_t$，故渠底板不会发生冻胀破坏，与工程实际相符。

由此可见，对于窄底深渠梯形混凝土衬砌渠道，当边坡板与底板同厚时，先从边坡板（阴坡）发生冻胀破坏，因此宜采用宽浅式结构更为合理。

3.1.4　冻胀破坏机理探讨

结合渠道衬砌冻胀破坏工程力学模型，进一步阐述由力学模型探索到的渠道冻胀破坏机理，主要如下：

（1）冻胀变形不协调产生的冻胀力与冻结力互生平衡规律。由法向冻胀力与切向冻结力平衡公式可知，二者相互依存，界面冻结力是产生冻胀力的原因，削减冻结力可有效减少衬砌板受到的冻胀力，为后续防冻胀措施提供理论基础。

（2）冻胀敏感、结构脆弱导致系统处于不稳平衡的冻胀破坏力学机制。每一时刻虽处于平衡状态，但该系统整体处于干扰低应力水平，轻微的冻胀变形即可打破其平衡状态，使其向不稳定状态发展。

（3）渠道衬砌板越厚，结构刚度越大，约束越强，法向冻胀力也就越大；通过增加衬砌板厚度来削减渠道衬砌冻胀破坏的措施不可取。

（4）坡角越陡，坡板与底板长度比越大，法向冻胀力越大，衬砌板越易发生破坏，这是宽浅式渠道能减轻冻害的机理。

（5）弧形底板可将其受到的法向冻胀力多数转换成轴力，使其弧底负弯矩值远小于梯形渠道，这是弧底梯形渠道抗冻胀能力强的原因。

3.2 渠道冻胀破坏弹性地基梁模型

上节建立的力学模型简单、实用，但并未考虑冻土与衬砌结构之间的相互作用，即两个互相耦合的过程：冻土冻胀受到衬砌结构约束而对结构施加冻胀力荷载；随之产生的结构冻胀变形使其对冻土冻胀的约束程度降低，表现为冻胀力荷载的释放和削减。对于上述两种耦合过程，弹性地基梁模型可以很好地解决。在这两个过程相互影响最终达到平衡时，渠道衬砌的挠度曲线即为其实际位移分布，由此可得到渠道衬砌结构各截面冻胀位移的分布规律。

3.2.1 基本假设

旱寒区渠道冻胀过程复杂，土体冻胀因各地土体物理特性、水分迁移和相变等复杂因素的不同而存在显著差异，对冻胀过程进行量化分析非常困难。本节主要针对开放系统衬砌渠道进行分析，即对特定气象、土质条件下的特定地区，地下水的迁移和补给是决定渠道计算截面点冻胀率的主要因素。在建立力学模型时，依据主要特征，在 3.1.1 中作出的基本假设的基础上，补充如下基本假设：

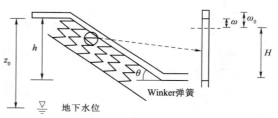

图 3.6 梯形混凝土衬砌渠道断面
（ω_0 为渠道基土在该点的自由冻胀量；
ω 为有衬砌约束时该点的实际冻胀量；
H 为冻深；θ 为坡板倾角；h 为渠道断面深度；
z_0 为渠顶地下水埋深）

视渠基冻土为服从 Winker 假设的弹性地基，即衬砌各点冻胀力大小仅由各点对应处基土力学特性和冻胀强度决定。又由于冻土冻胀的正交各向异性，冻土冻胀变形主要发生在沿热流方向，即垂直于坡板方向。基于此，可将冻土视为预压缩的 Winker 弹簧（图3.6），其反映了冻土与结构间的相互作用。

3.2.2 力学模型建立

3.2.2.1 渠道基土自由冻胀量

大量文献和试验研究表明，对特定气象、土质条件下的特定地区而言，冻土冻胀强度与地下水位之间多呈双曲线或负指数关系，为了分析与计算的方便，双曲线关系也通常可归一化为如下的负指数关系：

$$\eta(z) = ae^{-bz} \tag{3.34}$$

式中：$\eta(z)$ 为冻土冻胀强度，%；z 为计算点的地下水位（即至地下水埋深的距离），

cm；a、b 为与特定地区特定气象、土质条件有关的经验系数，当条件具备时，通常应该在特定地区通过当地的现场试验数据由最小二乘法拟合。

由于衬砌渠道断面各点至地下水位的距离不同，依式（3.34）可得衬砌渠道断面各点对应处基土的自由冻胀量 $\omega_0(x)$ 的分布规律为

$$\omega_0(x) = \eta_0(x)H = 0.01aHe^{-bz(x)} \tag{3.35}$$

式中：$\omega_0(x)$ 为衬砌渠道断面各点对应处渠道基土的自由冻胀量，cm；$\eta_0(x)$ 为断面各点对应处渠道基土的自由冻胀强度；$z(x)$ 为断面各点至地下水位的距离，cm；H 为渠基冻土的冻结深度，cm；x 为衬砌渠道断面各点的坐标，cm。

3.2.2.2　衬砌板冻胀力计算

当衬砌渠道断面某点对应处渠基冻土自由冻胀量被完全约束，即被约束的渠基冻土冻胀量为 ω_0 时，又被压缩前该点对应处的土柱微元体（图3.6，为使图形更加直观在图中将其竖直放置）总长为 $\omega_0 + H$，由基本假设，渠道衬砌结构各点所承受的初始法向冻胀力荷载分布可由下式计算：

$$p(x) = E_f \frac{\omega_0(x)}{H + \omega_0(x)} \tag{3.36}$$

式中：$p(x)$ 为自由冻胀量被完全约束时渠道衬砌结构所承受的冻胀力荷载，即初始冻胀荷载，MPa；E_f 为冻土弹性模量，MPa。

由于被约束的渠基冻土冻胀量 ω_0 相对渠基冻土冻结深度 H 较小，木下诚一提出冻土所施加冻胀力与冻土冻胀强度的线性关系，由此可把式（3.36）简化如下：

$$p(x) = E_f \frac{\omega_0(x)}{H} = 0.01E_f ae^{-bz(x)} \tag{3.37}$$

在寒区工程实践中，由于混凝土渠道衬砌结构的冻胀变形，渠基冻土的自由冻胀量往往不会被衬砌结构完全约束，衬砌结构各点对应处渠基冻土实际被约束的冻胀量应为 $\omega_0(x) - \omega(x)$。从而与式（3.37）类似，混凝土渠道衬砌结构各点所承受的实际法向冻胀力荷载分布可以由下式计算：

$$q(x) = E_f \frac{\omega_0(x) - \omega(x)}{H} = p(x) - E_f \frac{\omega(x)}{H} \tag{3.38}$$

式中：$q(x)$ 为混凝土渠道衬砌结构各点实际承受的法向冻胀力荷载分布，MPa；$\omega(x)$ 为渠道断面各点实际的法向冻胀位移（即挠度），cm。等号右侧的第一项 $p(x)$ 为自由冻胀量被完全约束时冻土对衬砌结构施加的冻胀力，即初始外荷载；第二项 $E_f[\omega(x)/H]$ 为反映渠道衬砌冻胀变形引起冻胀力释放和削减的附加荷载，体现了衬砌结构对渠基冻土冻胀作用的反作用，该荷载与渠道断面各点实际的冻胀位移成比例。从而式（3.38）反映了渠基冻土与衬砌间相互作用，此时的冻胀力荷载分布即为实际的冻胀力荷载分布。

3.2.2.3　衬砌冻胀变形的挠曲线微分方程

（1）渠道衬砌冻胀变形的挠曲线微分方程。基于 Winkler 假设的弹性地基梁挠曲线微分方程是在一般的梁挠曲线微分方程中引入由于地基变形而导致的附加荷载项，使其能够应用于地基梁的变形计算。类似地，在地基冻胀问题中，也可仿照地基沉降问题的解决办法引入与地基冻胀变形成比例的附加荷载项 $(E_f/H)\omega$ 来反映地基冻胀变形

所导致的冻胀力荷载的释放和削减，其中比例系数 $k=E_f/H$ 可相应地视为冻土地基的地基系数。

采用图3.7、图3.8所示的坐标系，以竖直向上为正，则基于 Winkler 模型的弹性地基梁方程可由下式表示：

$$EI\frac{\mathrm{d}^4\omega(x)}{\mathrm{d}x^4}=p_0(x)-k\omega(x) \tag{3.39}$$

式中：EI 为地基梁的弯曲刚度；$\omega(x)$ 为冻土与地基梁相互作用的法向位移（即挠度），cm；k 为地基系数；$p_0(x)$ 为作用在地基梁上分布荷载集度，MPa。

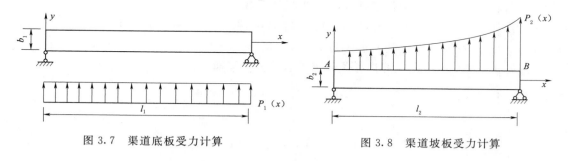

图3.7 渠道底板受力计算　　　　　图3.8 渠道坡板受力计算

就梯形混凝土衬砌梯形渠道而言，结合式（3.37）～式（3.39），可得渠道衬砌结构各点冻胀变形的挠曲线微分方程为

$$\frac{\mathrm{d}^4\omega_i(x)}{\mathrm{d}x^4}+\frac{k_i}{E_cI}\omega_i(x)=\frac{k_i}{E_cI}0.01aHe^{-bz(x)} \tag{3.40}$$

式中：E_c 为混凝土材料弹性模量，MPa；$\omega_i(x)$ 为衬砌渠道断面各点的实际冻胀位移，cm；$k_i=E_{fi}/H$ 可视为冻土地基梁的地基系数；下标 i 为1时代表渠底衬砌板，下标 i 为2时则代表渠坡衬砌板。

整理式（3.40）使其化为标准形式为

$$\frac{\mathrm{d}^4\omega_i(x)}{\mathrm{d}x^4}+4\beta_i^4\omega_i(x)=0.04\beta_i^4aHe^{-bz(x)} \tag{3.41}$$

$$\beta_i=\sqrt[4]{(k_i/4E_cI)} \tag{3.42}$$

以下针对开放系统梯形渠道底板和坡板分别导出微分方程的具体形式。

（2）梯形渠道底板冻胀变形的挠曲线微分方程。由于混凝土衬砌梯形渠道渠底衬砌板的两端受到渠坡衬砌板的约束作用，把渠底衬砌板的支承方式视为两端简支，把渠坡衬砌板视为简支梁，计算简图如图3.7和图3.8所示，在冻胀力荷载作用下把渠道衬砌板视为薄板结构，从而未考虑重力作用，这是偏安全的。此外，反映冻胀力荷载释放和削减的附加荷载项由于分布规律尚待定所以没有在图中绘出，其方向为负向，下同。

结合图3.6得到渠道底板和坡板各点至地下水位的距离方程，分别代入式（3.41），可得渠底和渠道衬砌板各点冻胀变形的挠曲线微分方程为

$$\frac{\mathrm{d}^4\omega_1(x)}{\mathrm{d}x^4}+4\beta_1^4\omega_1(x)=0.04\beta_1^4aHe^{-b(z_0-h)} \tag{3.43}$$

$$\frac{\mathrm{d}^4 \omega_2(x)}{\mathrm{d}x^4} + 4\beta_2^4 \omega_2(x) = 0.04\beta_2^4 aHe^{-b(z_0 - x\sin\theta)} \tag{3.44}$$

式中：z_0 为渠道坡板顶端至地下水位的距离，cm；h 为衬砌渠道的断面深度，cm。

3.2.2.4　挠曲线微分方程的求解

渠道底板各点冻胀变形的挠曲线微分方程即式（3.43）为四阶非齐次线性微分方程，通解如下：

$$\omega_1(x) = 0.01Hae^{-b(z_0 - h)} + e^{\beta_1 x}[c_{11}\cos(\beta_1 x) + c_{12}\sin(\beta_1 x)]$$
$$+ e^{-\beta_1 x}[c_{13}\cos(\beta_1 x) + c_{14}\sin(\beta_1 x)] \tag{3.45}$$

式中：c_{11}、c_{12}、c_{13}、c_{14} 为任意常数；β_1 为特征系数。

此解中四个任意常数应满足如下四个边界条件：① $x = 0$，$\omega_1(0) = 0$；② $x = 0$，$\omega_1''(0) = 0$；③ $x = l_1$，$\omega_1(l_1) = 0$；④ $x = l_1$，$\omega_1''(l_1) = 0$。

在式（3.45）中应用上述边界条件可得联立方程组如下：

$$\left.\begin{array}{l} c_{11} + c_{13} = d_1 \\ c_{12} - c_{14} = 0 \\ v_{11}c_{11} + v_{12}c_{12} + v_{13}c_{13} + v_{14}c_{14} = d_1 \\ v_{11}c_{11} - v_{12}c_{12} - v_{13}c_{13} + v_{14}c_{14} = 0 \end{array}\right\} \tag{3.46}$$

其中

$$\left.\begin{array}{l} d_1 = -0.01aHe^{-b(z_0 - h)} \\ v_{11} = e^{\beta_1 l_1}\cos(\beta_1 l_1) \\ v_{12} = e^{\beta_1 l_1}\sin(\beta_1 l_1) \\ v_{13} = e^{-\beta_1 l_1}\cos(\beta_1 l_1) \\ v_{14} = e^{-\beta_1 l_1}\sin(\beta_1 l_1) \end{array}\right\} \tag{3.47}$$

渠道坡板冻胀变形的挠曲线微分方程通解如下：

$$\omega_2(x) = \frac{0.01\beta_2^4}{0.25(b\sin\theta)^4 + \beta_2^4} aHe^{-b(z_0 - x\sin\theta)} + e^{\beta_2 x}[c_{21}\cos(\beta_2 x) + c_{22}\sin(\beta_2 x)]$$
$$+ e^{-\beta_2 x}[c_{23}\cos(\beta_2 x) + c_{24}\sin(\beta_2 x)] \tag{3.48}$$

式中：c_{21}、c_{22}、c_{23}、c_{24} 为任意常数；β_2 为特征系数。

式（3.48）中四个任意常数也应满足下述四个边界条件：① $x = 0$，$\omega_2(0) = 0$；② $x = 0$，$\omega_2''(0) = 0$；③ $x = l_2$，$\omega_2(l_2) = 0$；④ $x = l_2$，$\omega_2''(l_2) = 0$。

在式（3.48）中应用上述四个边界条件可得联立方程组如下：

$$\left.\begin{array}{l} c_{21} + c_{23} = d_{21} \\ c_{22} - c_{24} = d_{22} \\ v_{21}c_{21} + v_{22}c_{22} + v_{23}c_{23} + v_{24}c_{24} = d_{23} \\ v_{21}c_{21} - v_{22}c_{22} - v_{23}c_{23} + v_{24}c_{24} = d_{24} \end{array}\right\} \tag{3.49}$$

其中

$$d_{21} = -\frac{0.01\beta_2^4}{0.25\,(b\sin\theta)^4 + \beta_2^4}\,aHe^{-bz_0}$$

$$d_{22} = -\frac{0.01\beta_2^4\,(b\sin\theta)^2}{0.25\,(b\sin\theta)^4 + \beta_2^4}\,aHe^{-bz_0}$$

$$d_{23} = -\frac{0.01\beta_2^4}{0.25\,(b\sin\theta)^4 + \beta_2^4}\,aHe^{-b(z_0-h)}$$

$$d_{24} = -\frac{0.01\beta_2^4\,(b\sin\theta)^2}{0.25\,(b\sin\theta)^4 + \beta_2^4}\,aHe^{-b(z_0-h)}$$

$$\nu_{21} = e^{\beta_2 l_2}\cos(\beta_2 l_2)$$

$$\nu_{22} = e^{\beta_2 l_2}\sin(\beta_2 l_2)$$

$$\nu_{23} = e^{-\beta_2 l_2}\cos(\beta_2 l_2)$$

$$\nu_{24} = e^{-\beta_2 l_2}\sin(\beta_2 l_2)$$

$$(3.50)$$

对各参数均为已知的具体的混凝土衬砌梯形渠道，上式各项均可计算，原方程得解。

3.2.2.5 渠道衬砌截面弯矩及剪力求解

混凝土衬砌梯形渠道衬砌结构各截面弯矩沿衬砌渠道断面的分布规律为

$$M_i(x) = E_c I \omega_i''(x) \tag{3.51}$$

式中：当 $i=1$ 时，$M_i(x)$ 和 $\omega_i(x)$ 分别为衬砌渠道渠底衬砌板各截面的弯矩和挠度；当 $i=2$ 时，$M_i(x)$ 和 $\omega_i(x)$ 分别为衬砌渠道渠坡衬砌板各截面的弯矩和挠度，下同。由于坐标系 y 轴的正方向朝上，故该式的右侧为正。

混凝土衬砌梯形渠道衬砌结构各截面剪力沿衬砌渠道断面的分布规律可通过对上式求导获得，即

$$P_i(x) = E_c I \omega_i'''(x) \tag{3.52}$$

式中：$P_i(x)$ 为渠道衬砌结构各点所对应截面的剪力，MPa。

以衬砌渠道渠底衬砌板为例分别写出式（3.51）、式（3.52）的具体形式为

$$\begin{aligned}
M_1(x) &= 2\beta_1^2 E_c I\{e^{\beta_1 x}[-c_{11}\sin(\beta_1 x)+c_{12}\cos(\beta_1 x)]\\
&\quad -e^{-\beta_1 x}[c_{13}\sin(\beta_1 x)-c_{14}\cos(\beta_1 x)]\}\\
P_1(x) &= 2\beta_1^3 E_c I\{e^{\beta_1 x}[-(c_{11}+c_{12})\sin(\beta_1 x)+(c_{12}-c_{11})\cos(\beta_1 x)]\\
&\quad +e^{-\beta_1 x}[(c_{13}-c_{14})\sin(\beta_1 x)-(c_{13}+c_{14})\cos(\beta_1 x)]\}
\end{aligned} \tag{3.53}$$

3.2.2.6 渠道衬砌冻胀破坏失效准则

每当渠道衬砌因冻胀力产生较大的冻胀位移时，就容易产生鼓胀、隆起。同时，伴随着渠道衬砌局部弯矩过大，将会引起渠道衬砌板的强度降低，最终导致衬砌板产生裂缝，甚至发生折断。对于衬砌板的抗冻胀结构稳定性而言，由于渠道衬砌冻胀量较大，将会引起架空乃至滑塌等破坏。

（1）混凝土衬砌板的裂缝的产生，由衬砌板弯矩最大位置的最大拉应变是否超过拉应变允许值决定；同时，一般剪力不会引起混凝土板裂缝。最大拉应力计算公式为

$$\sigma_{\max} = \frac{6M(x)}{b^2} - \frac{N(x)}{b} \tag{3.54}$$

抗裂条件验算公式为

$$\frac{\sigma_{max}}{E_c} \leqslant [\varepsilon_t] \tag{3.55}$$

式中：σ_{max} 为衬砌板弯矩最大截面的最大拉应力，MPa；$N(x)$ 和 b 为衬砌板截面的轴力大小和厚度；$[\varepsilon_t]$ 为混凝土拉应变允许值；E_c 为混凝土弹性模量，MPa。

（2）对于渠道衬砌结构的抗冻胀稳定性，根据渠系工程抗冻胀设计规范规定，以其允许法向位移值作为判断标准。即

$$\omega_i(x) \leqslant [\Delta h] \tag{3.56}$$

式中：$[\Delta h]$ 为衬砌板法向位移最大允许值，可以根据渠系工程抗冻胀设计规范取值。

3.2.3 案例分析

3.2.3.1 工程概况

新疆塔里木灌区以阿拉尔市为中心，年最低气温为 $-29.3 \sim -24^\circ\text{C}$，已修建渠道 2355km，地表水丰沛，有塔里木河、阿克苏新大河、和田河等五大河流贯穿，地下水为河流两岸嵌入式淡水体，地下水埋深较浅，渠道衬砌存在严重冻胀破坏。由于此类旱寒地区雨量稀少且地下水埋深浅，引发基土冻胀的主要水分来源是地下水补给。

图 3.9 为新疆生产建设兵团农一师塔里木灌区某梯形渠道断面（以一侧渠坡衬砌板为例）。该渠道采用 C15 混凝土衬砌，衬砌板厚度为 8cm，渠道边坡和渠道底部冻土层冬季最低温度分别取为 -14.7°C 和 -9.4°C。本工程实例中渠基冻土的弹性模量按冬季冻土层达到最低温度时取值，这显然是偏安全的。渠基冻土冻结深度取约

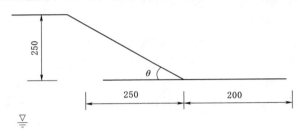

图 3.9 梯形渠道断面
（渠坡衬砌板的倾角 θ 为 45°；图中各数值的单位均为 cm）

为 1m，地下水埋深 z_0 约为 3.5m，渠坡衬砌板的倾角取为 45°，渠道基土土质为轻壤土。2010—2011 年越冬期对其进行了原型观测，底板间隔 25cm 设一个测点；由于坡板较长且不便观测，故间隔 50cm 设一个测点。现对衬砌各点冻胀位移进行计算及对比分析，相关参数与经验系数见表 3.1。

表 3.1　　　　　　　　　　　　相关参数与经验系数

名　称	参数取值	备　注
E_c	2.2×10^4 MPa	混凝土材料
E_{f1}	2.35MPa	渠道底部冻土层
E_{f2}	2.61MPa	渠道边坡冻土层
a	21.972	轻壤土
b	0.022	轻壤土
β_1	0.0089	渠底衬砌板的特征系数
β_2	0.0091	渠坡衬砌板的特征系数

3.2.3.2 衬砌冻胀位移的计算与对比分析

根据式（3.46）所示的联立方程组可求解四个任意常数如下：$c_{11}=1.024$，$c_{12}=-0.23$，$c_{13}=-3.453$，$c_{14}=-0.23$；分别代入式（3.45）可得渠道底板各点法向冻胀位移（即挠度）的解析表达式，其函数图像如图 3.10 所示。类似地，求解式（3.50）所示的方程组可求解任意常数如下：$c_{21}=-0.053$，$c_{22}=0.203$，$c_{23}=0.05$，$c_{24}=0.203$；分别代入式（3.49）中可得渠道坡板各点挠度的解析表达式，其函数图像如图 3.11 所示。此外，由材料力学方法即在梁的挠曲线微分方程中不引入反映法向冻胀力释放和削减的附加荷载项，也可分别对渠道底板和坡板各点的挠度进行求解。图 3.10、图 3.11 为采用本文方法、材料力学方法的计算结果与观测值的对比图。

如图 3.10 和图 3.11 所示，本书方法考虑了衬砌冻胀变形引起的冻胀力削减和释放，冻胀位移计算结果均较材料力学方法小，与观测值更符合。渠道底板变形表现为中间大、两边小的分布特征；坡板冻胀变形则表现为中下部较大，上部较小的分布特征，这与工程实际基本相符。本书计算值与观测值相比仍显偏大，这是因为衬砌结构被视为薄板结构，未考虑重力，这是偏安全的；渠道坡板和底板两端的观测值并非准确地为 0，即把衬砌板视为简支梁结构的计算结果与观测值也存在一定偏差，但偏差不明显。

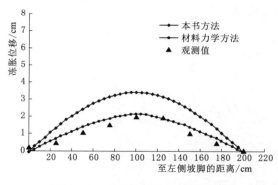

图 3.10 渠道底板冻胀位移曲线

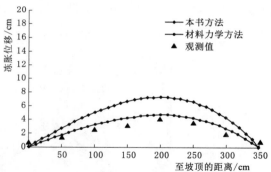

图 3.11 渠道坡板冻胀位移曲线

3.2.3.3 衬砌冻胀变形及稳定性验算

由图 3.10 和图 3.11 还可发现，无论是对渠道坡板还是渠道底板而言，衬砌板上各点法向冻胀位移分布通常都存在一个峰值，该峰值所在截面附近最有可能发生衬砌板的拉裂和折断等冻胀破坏。渠道底板各点的法向冻胀位移最大值所处的截面为中间截面，且有 $\omega_{1\max}=\omega_1(100)=2.217\mathrm{cm}$，是渠道渠底衬砌板上最易发生冻胀破坏的位置。渠道坡板各点法向冻胀位移分布的最大值所处截面可通过求式（3.49）中导数为 0 的点来选取，即距离坡顶约 62.32% 坡板长处，且有 $\omega_{2\max}=\omega_1(200)=4.637\mathrm{cm}$。结合现场调研可知，梯形渠道衬砌结构的冻胀破坏主要发生在距离坡顶 55%～75% 坡板长处；已有相关研究结果也一般认为渠坡衬砌板上最易发生冻胀破坏的截面位置在距离渠坡顶端约 2/3 坡板长处，均与本书估算的结果基本相符。此外，由以上分析结果可见渠道坡板和底板上最易破坏截面的法向冻胀位移计算值均大于允许值（渠系工程抗冻胀设计规范指定的允许法向位移值为 2cm），表明渠道衬砌存在冻胀破坏的可能。据调查，渠道在该越冬期内确实有部分渠段发生冻胀破坏，表明计算结果与实地调查结果也基本相符。

3.3　基于工程力学模型的渠道"水力＋抗冻胀"双优设计方法

　　旱寒区输水渠道冻胀破坏普遍，衬砌板易产生鼓胀、拉裂等破坏问题，渗漏损失严重，影响渠道输水功能的正常发挥。当前，在进行渠道断面设计时，多优先采用水力最优的要求来确定断面构造，但并未考虑寒区渠道冻胀破坏设计。为此，亟须提出同时考虑抗冻胀和水力性能的断面设计方法，以期适应当地服役环境。与矩形、梯形和准梯形等直线形断面相比，抛物线形渠道的几何形状接近天然河道，不仅过流能力强，且断面连续性较好，所受冻胀力分布更加均匀，具有良好的抗冻胀性能，能够适应寒区恶劣的低温环境。因此，本节主要以抛物线形渠道为例，介绍"水力＋抗冻胀"双优断面的计算方法，为寒区渠道设计提供参考。

3.3.1　抛物线形混凝土衬砌渠道冻胀破坏机理与破坏特征

　　根据抛物线形衬砌渠道现场调研结果，结合已有渠道冻胀破坏机理以水-热-力耦合模型为计算手段，得到了如下冻胀破坏机理和破坏特征，如图 3.12 所示。

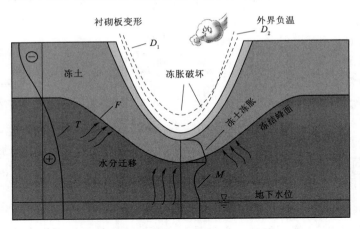

图 3.12　抛物线形衬砌渠道冻胀破坏机理和破坏特征

　　（1）对于建设在寒区冻土中的渠道而言，在外界负温作用下，因槽型断面结构使渠道顶部发生双向冻结，底部为单向冻结，最终形成了冻结深度由渠顶至渠底逐渐减少的分布规律，如图中曲线 F，渠基土内部沿断面深度的温度分布如图中曲线 T。

　　（2）冻结区域内液态水温度降至冰点以下冻结成冰，土体内冰含量和未冻水含量之和大于土体孔隙率时发生冻胀；因灌区地下水位较高，加之天然环境下的温度梯度都不大，使得未冻结区域内水分有充足时间迁移至冻结锋面附近形成分凝冰，进一步加剧土体冻胀，基土内总含水量（冰含量＋未冻水含量）沿其深度分布规律如图中曲线 M；因渠道各部位的地下水埋深不同，导致土体冻胀变形不均匀。

　　（3）抛物线形渠道多为小型整体式渠道，断面连续性好，无突变现象，冻胀力分布较为均匀，以发生整体上抬为主；因渠道衬砌结构单薄脆弱，适应和抵抗地基变形的能力较差，引起破坏的冻胀力处于低水平阶段，微小不均匀的冻胀变化即可造成衬砌结构的破坏；因渠道断面形式、地下水位补给高度及阴阳坡差异，使得衬砌结构变形如图中曲线 D_1 和 D_2 所示，冻胀破坏位置可能发生于渠底中心或偏阴坡附近。

由上可知，灌区高地下水位渠道的水分迁移是土体冻胀的主要影响因素，因渠道各部位地下水埋深的不同而引起的基土不均匀冻胀及衬砌板的薄弱性是渠道衬砌破坏的本质原因。因此，我们以高地下水位渠道衬砌结构为受力对象，土体冻胀以冻胀力和冻结力的形式作用于衬砌结构上，认为抛物线形渠道衬砌是在法向冻胀力及切向冻结力和重力作用下的薄壳拱形结构，局部属于压弯组合构件。

3.3.2 抛物线形渠道混凝土衬砌冻胀破坏力学模型

3.3.2.1 基本假设

抛物线形渠道衬砌的冻胀破坏机理及过程相当复杂，属于高次超静定非线性结构系统。应结合已有的研究成果和工程实践，通过合理的假设对该过程进行简化处理，建立简单实用、基本准确合理的力学模型。在 3.3.1 节假设的基础上，补充如下假设：

（1）抛物线形整体式渠道断面连续光滑，在冻胀力作用下易发生整体上抬和微小的刚性转动，通过这种位移协调和变形释放将各向冻胀力和冻结力重新调整，认为渠道两侧外力和内力都近似对称，且不考虑渠道的阴阳坡效应。

（2）抛物线形渠道的混凝土衬砌结构近似简化为在切向冻结力约束下，在法向对称分布冻胀力及重力作用下保持静力平衡的整体拱形结构。

（3）渠基冻土视为服从 Winkler 假设的弹性地基，衬砌各点受到的冻胀强度由各点至地下水埋深的距离决定。切向冻结力在渠顶和渠底中心为 0，左边坡为逆时针方向，右边坡为顺时针方向。

3.3.2.2 计算简图及荷载计算

（1）计算简图。抛物线形式众多，以平方抛物线（$y = kx^2$）这一典型断面为例，对渠道衬砌在高地下水位影响下的冻胀破坏力学模型进行研究，受力分析计算简图如图3.13所示，各力处于平衡状态。图中 k 为抛物线几何参数；h 为渠道深度，m；h_0 为渠道正常水深，m；Δh 为渠道超高，m；B 为 1/2 渠道开口宽度，m；b_c 为衬砌板厚度，m；d 为渠底至地下水埋深的距离，m；$z(x)$ 为衬砌各点至地下水埋深的距离，m；$q(x)$ 为各点的法向冻胀力，kPa；$\tau(x)$ 为各点的切向冻结力，kPa；G 为衬砌板重力，kN。由于抛物线渠道左右对称，平衡方程的建立与求解主要针对右侧（$x \geqslant 0$）渠段。

（2）荷载计算。由木下诚一提出的冻胀力与冻胀率的线性函数关系，并结合试验折减 3 倍，衬砌各点法向冻胀力分布可由下式计算：

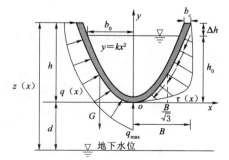

图 3.13 抛物线形衬砌渠道
尺寸及受力分析

$$q(x) = \frac{1000}{3} E_f \eta [z(x)]\% = \frac{10}{3} E_f a e^{-b(d+kx^2)} \tag{3.57}$$

式中：$q(x)$ 为衬砌板上各点承受的法向冻胀力，kPa；E_f 为渠基冻土的弹性模量，MPa。各点法向冻胀力在 x 轴和 y 轴上的分量为

$$q_x(x) = q(x) \frac{|y'(x)|}{\sqrt{1+[y'(x)]^2}} = \frac{10}{3} E_f a e^{-b(d+kx^2)} \frac{2k|x|}{\sqrt{1+4k^2x^2}} \tag{3.58}$$

$$q_y(x) = q(x) \frac{1}{\sqrt{1+[y'(x)]^2}} = \frac{10}{3} E_f a e^{-b(d+kx^2)} \frac{1}{\sqrt{1+4k^2x^2}} \tag{3.59}$$

式中：$q_x(x)$ 和 $q_y(x)$ 分别为 $q(x)$ 在 x 轴和 y 轴上的投影，kPa；$y'(x)$ 为渠道断面曲线上各点的斜率，$[y'(x)=2kx]$。

抛物线形渠道的上部曲率较小，可将其近似为直线段，与 U 形渠道类似，并假设以 $B/\sqrt{3}$ 处为直线段与曲线段的连接处。综合已有的力学模型中对切向冻结力分布规律的假设，认为抛物线形渠道所受的切向冻结力在 $B/\sqrt{3}$ 处取得最大值，至坡顶和坡底均沿弧长呈线性分布，在坡顶和坡底中心处均为零，且在冻胀力作用下，两侧坡面所受切向冻结力为对称分布，切向冻结力的大小可由下式描述：

$$\tau(x) = \begin{cases} \dfrac{3\tau_0}{B^2} x^2, & 0 \leqslant x \leqslant \dfrac{B}{\sqrt{3}} \\[3mm] \dfrac{3\tau_0}{2} \left(1 - \dfrac{x^2}{B^2}\right), & \dfrac{B}{\sqrt{3}} < x \leqslant B \end{cases} \tag{3.60}$$

式中：τ_0 为切向冻结力的最大值，kPa。衬砌板上各点所受切向冻结力在 x 轴和 y 轴上的分量为

$$\tau_x(x) = \tau(x) \frac{1}{\sqrt{1+[y'(x)]^2}} = \begin{cases} \dfrac{3\tau_0}{B^2} x^2 \dfrac{1}{\sqrt{1+4k^2x^2}}, & 0 \leqslant x \leqslant \dfrac{B}{\sqrt{3}} \\[3mm] \dfrac{3\tau_0}{2} \left(1 - \dfrac{x^2}{B^2}\right) \dfrac{1}{\sqrt{1+4k^2x^2}}, & \dfrac{B}{\sqrt{3}} < x \leqslant B \end{cases} \tag{3.61}$$

$$\tau_y(x) = \tau(x) \frac{y'(x)}{\sqrt{1+[y'(x)]^2}} = \begin{cases} \dfrac{6k\tau_0}{B^2} x^3 \dfrac{1}{\sqrt{1+4k^2x^2}}, & 0 \leqslant x \leqslant \dfrac{B}{\sqrt{3}} \\[3mm] 3k\tau_0 x \left(1 - \dfrac{x^2}{B^2}\right) \dfrac{1}{\sqrt{1+4k^2x^2}}, & \dfrac{B}{\sqrt{3}} < x \leqslant B \end{cases} \tag{3.62}$$

考虑混凝土渠道衬砌自重对其平衡状态的影响，可对该抛物线进行第一类曲线积分，得到混凝土衬砌的整体自重如下式（考虑抛物线的对称性，仅对 s 侧积分即可）：

$$G = \int_{\varphi1} \gamma b \, ds = \int_0^B \gamma b \sqrt{1+4k^2x^2} \, dx$$

$$= \frac{\gamma b}{2} \left[B\sqrt{1+4k^2B^2} + \frac{1}{2k} \ln(2kB + \sqrt{1+4k^2B^2}) \right] \tag{3.63}$$

式中：γ 为混凝土容重，取 24kN/m³；b 为衬砌板厚度，m。

3.3.2.3 力学模型求解

（1）切向冻结力求解。衬砌结构所承受的荷载包括法向冻胀力 $q(x)$ 和切向冻结力

$\tau(x)$以及衬砌板自身的重力 G。其中，求解衬砌板内力的关键在于通过静力平衡条件确定切向冻结力最大值 τ_0 的取值。由竖直方向（即沿 y 轴方向）静力平衡条件（依据对称性可仅考虑 s 侧），应用第一型曲线积分有下式成立：

$$\int_{\varphi_1} [q_y(x) - \tau_y(x)] \mathrm{d}s - G = \int_0^B [q_y(x) - \tau_y(x)] \sqrt{1 + 4k^2 x^2} \, \mathrm{d}x - G = 0 \quad (3.64)$$

式中：φ_1 表示渠道断面曲线的 s 侧弧段；$\mathrm{d}s$ 表示弧微分。

把式（3.59）、式（3.62）与式（3.63）分别代入式（3.64）可得

$$\int_0^B [q_y(x) - \tau_y(x)] \sqrt{1 + 4k^2 x^2} \, \mathrm{d}x - G$$

$$= \int_0^B 10 E_f a e^{-b(d+kx^2)} \mathrm{d}x - \int_0^{\frac{B}{\sqrt{3}}} \frac{6k\tau_0}{B^2} x^3 \mathrm{d}x - \int_{\frac{B}{\sqrt{3}}}^B 3k\tau_0 x \left(1 - \frac{x^2}{B^2}\right) \mathrm{d}x - G$$

$$= \frac{5 E_f a \sqrt{\pi} e^{-bd}}{\sqrt{bk}} \mathrm{erf}(\sqrt{bk} B) - \frac{1}{2} k\tau_0 B^2 - G$$

$$= A - B\tau_0 - C = 0 \quad (3.65)$$

式中：

$$A = \frac{5 E_f a \sqrt{\pi} e^{-bd}}{\sqrt{bk}} \mathrm{erf}(\sqrt{bk} B)$$

$$B = \frac{1}{2} k B^2 \quad (3.66)$$

$$C = \frac{\gamma b}{2} \left[B \sqrt{1 + 4k^2 B^2} + \frac{1}{2k} \ln(2kB + \sqrt{1 + 4k^2 B^2}) \right]$$

其中，$\mathrm{erf}(x)$ 为误差函数，形式如下：

$$\mathrm{erf}(t) = \frac{2}{\sqrt{\pi}} \int_0^t e^{-\eta^2} \mathrm{d}\eta \quad (3.67)$$

对于某一具体渠道，其渠基土质、渠道尺寸确定后，以上各式中的经验系数均为定值，当渠道断面参数确定后，系数 $A \sim C$ 便均为常数。因此由式（3.65）可解出切向冻结力 $\tau(x)$。

（2）衬砌板截面内力求解。以右侧衬砌结构为例计算，取坐标为 x 的截面及该截面以上的弧段（即 $x' \in \{x' \mid \varphi_3 : x \leqslant x' \leqslant B\}$）为研究对象，由水平和竖直方向的静力平衡条件得

$$N_x(x) - \int_{\varphi_3} (q_{x'} + \tau_{x'}) \mathrm{d}s = N_x(x) - \int_x^B (q_{x'} + \tau_{x'}) \sqrt{1 + 4k^2 x'^2} \, \mathrm{d}x' = 0 \quad (3.68)$$

$$N_y(x) + \int_{\varphi_3} (q_y - \tau_y - \gamma b_c) \mathrm{d}s = N_y(x) + \int_x^B (q_y - \tau_y - \gamma b_c) \sqrt{1 + 4k^2 x'^2} \, \mathrm{d}x' = 0$$

$$(3.69)$$

把式 (3.58)、式 (3.59) 和式 (3.61)、式 (3.62) 分别代入式 (3.68) 和式 (3.69) 可得

$$N_x(x)=\begin{cases}\dfrac{10E_{\mathrm f}ae^{-bd}}{3b}(e^{-bkx^2}-e^{-bkB^2})+\dfrac{\tau_0}{B^2}\left(\dfrac{\sqrt3\,B^3}{9}-x^3\right)+\left(1-\dfrac{4\sqrt3}{9}\right)\tau_0B\,,\ 0\leqslant x\leqslant\dfrac{B}{\sqrt3}\\[4mm]\dfrac{10E_{\mathrm f}ae^{-bd}}{3b}(e^{-bkx^2}-e^{-bkB^2})+\dfrac{3\tau_0}{2}(B-x)-\dfrac{\tau_0}{2B^2}(B^3-x^3)\,,\ \dfrac{B}{\sqrt3}<x\leqslant B\end{cases}$$

$$(3.70)$$

$$N_y(x)=\begin{cases}-\dfrac{5E_{\mathrm f}a\sqrt\pi\,e^{-bd}}{3\sqrt{bk}}[\mathrm{erf}(\sqrt{bk}\,B)-\mathrm{erf}(\sqrt{bk}\,x)]+\dfrac{\gamma b_{\mathrm c}}{2}\Big[B\sqrt{1+4k^2B^2}\\[3mm]\quad+\dfrac{1}{2k}\ln(2kB+\sqrt{1+4k^2B^2})-\dfrac{x}{2}\sqrt{1+4k^2x^2}\\[3mm]\quad-\dfrac{1}{2k}\ln(2kx+\sqrt{1+4k^2x^2})\Big]\\[3mm]\quad+\dfrac{3k\tau_0}{2B^2}\left(\dfrac{B^4}{9}-x^4\right)+\dfrac13k\tau_0B^2\,,\ 0\leqslant x\leqslant\dfrac{B}{\sqrt3}\\[4mm]-\dfrac{5E_{\mathrm f}a\sqrt\pi\,e^{-bd}}{3\sqrt{bk}}[\mathrm{erf}(\sqrt{bk}\,B)-\mathrm{erf}(\sqrt{bk}\,x)]+\dfrac{\gamma b_{\mathrm c}}{2}\Big[B\sqrt{1+4k^2B^2}\\[3mm]\quad+\dfrac{1}{2k}\ln(2kB+\sqrt{1+4k^2B^2})-\dfrac{x}{2}\sqrt{1+4k^2x^2}\\[3mm]\quad-\dfrac{1}{2k}\ln(2kx+\sqrt{1+4k^2x^2})\Big]\\[3mm]\quad+\dfrac{3k\tau_0}{2}(B^2-x^2)-\dfrac{3k\tau_0}{4B^2}(B^4-x^4)\,,\ \dfrac{B}{\sqrt3}<x\leqslant B\end{cases}$$

$$(3.71)$$

求得截面轴力 $N(x)$ 在 x 和 y 轴方向上的分量大小后，按下式即可得截面轴力 $N(x)$：

$$N(x)=\sqrt{[N_x(x)]^2+[N_y(x)]^2}\tag{3.72}$$

仍取坐标为 x' 的截面及该截面以上弧段（$x'\in\{x'\mid\varphi_3:x\leqslant x'\leqslant B\}$）为研究对象，求解截面 x 处的弯矩 $M(x)$。由弯矩平衡条件可得（取顺时针方向为正方向）：

$$M(x)+\int_{\varphi_3}\gamma b_c(x'-x)\mathrm ds-\int_{\varphi_3}[(q_y-\tau_y)(x'-x)-(q_x+\tau_x)(kx'^2-kx^2)]\mathrm ds=0$$

$$(3.73)$$

把式 (3.58)、式 (3.59)、式 (3.61) 与式 (3.62) 分别代入式 (3.73) 可得

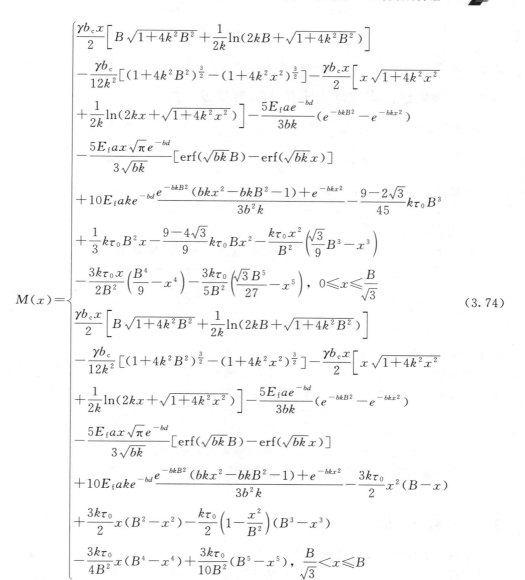

$$M(x)=\begin{cases}\dfrac{\gamma b_{c}x}{2}\Big[B\sqrt{1+4k^2B^2}+\dfrac{1}{2k}\ln(2kB+\sqrt{1+4k^2B^2})\Big]\\[2mm]-\dfrac{\gamma b_{c}}{12k^2}\big[(1+4k^2B^2)^{\frac{3}{2}}-(1+4k^2x^2)^{\frac{3}{2}}\big]-\dfrac{\gamma b_{c}x}{2}\big[x\sqrt{1+4k^2x^2}\\[2mm]+\dfrac{1}{2k}\ln(2kx+\sqrt{1+4k^2x^2})\big]-\dfrac{5E_{f}ae^{-bd}}{3bk}(e^{-bkB^2}-e^{-bkx^2})\\[2mm]-\dfrac{5E_{f}ax\sqrt{\pi}e^{-bd}}{3\sqrt{bk}}\big[\mathrm{erf}(\sqrt{bk}B)-\mathrm{erf}(\sqrt{bk}x)\big]\\[2mm]+10E_{f}ake^{-bd}\dfrac{e^{-bkB^2}(bkx^2-bkB^2-1)+e^{-bkx^2}}{3b^2k}-\dfrac{9-2\sqrt{3}}{45}k\tau_{0}B^3\\[2mm]+\dfrac{1}{3}k\tau_{0}B^2x-\dfrac{9-4\sqrt{3}}{9}k\tau_{0}Bx^2-\dfrac{k\tau_{0}x^2}{B^2}\Big(\dfrac{\sqrt{3}}{9}B^3-x^3\Big)\\[2mm]-\dfrac{3k\tau_{0}x}{2B^2}\Big(\dfrac{B^4}{9}-x^4\Big)-\dfrac{3k\tau_{0}}{5B^2}\Big(\dfrac{\sqrt{3}B^5}{27}-x^5\Big),\ 0\leqslant x\leqslant\dfrac{B}{\sqrt{3}}\\[3mm]\dfrac{\gamma b_{c}x}{2}\Big[B\sqrt{1+4k^2B^2}+\dfrac{1}{2k}\ln(2kB+\sqrt{1+4k^2B^2})\Big]\\[2mm]-\dfrac{\gamma b_{c}}{12k^2}\big[(1+4k^2B^2)^{\frac{3}{2}}-(1+4k^2x^2)^{\frac{3}{2}}\big]-\dfrac{\gamma b_{c}x}{2}\big[x\sqrt{1+4k^2x^2}\\[2mm]+\dfrac{1}{2k}\ln(2kx+\sqrt{1+4k^2x^2})\big]-\dfrac{5E_{f}ae^{-bd}}{3bk}(e^{-bkB^2}-e^{-bkx^2})\\[2mm]-\dfrac{5E_{f}ax\sqrt{\pi}e^{-bd}}{3\sqrt{bk}}\big[\mathrm{erf}(\sqrt{bk}B)-\mathrm{erf}(\sqrt{bk}x)\big]\\[2mm]+10E_{f}ake^{-bd}\dfrac{e^{-bkB^2}(bkx^2-bkB^2-1)+e^{-bkx^2}}{3b^2k}-\dfrac{3k\tau_{0}}{2}x^2(B-x)\\[2mm]+\dfrac{3k\tau_{0}}{2}x(B^2-x^2)-\dfrac{k\tau_{0}}{2}\Big(1-\dfrac{x^2}{B^2}\Big)(B^3-x^3)\\[2mm]-\dfrac{3k\tau_{0}}{4B^2}x(B^4-x^4)+\dfrac{3k\tau_{0}}{10B^2}(B^5-x^5),\ \dfrac{B}{\sqrt{3}}<x\leqslant B\end{cases}\tag{3.74}$$

由式（3.74）可知，当 $x=B$ 时，$M(x)=0$，即坡顶无弯矩作用，与实际相符。式中受特定地区特定气象、土质条件影响的经验系数 a、b 反映了渠基土壤特性对截面弯矩的影响，参数 k 和 B 则反映了渠道断面形状对截面弯矩的影响。

3.3.2.4 渠道衬砌板冻胀破坏准则

由于混凝土的抗拉强度较低，在对混凝土衬砌板是否发生冻胀破坏的验算中，主要关心其截面拉应力是否超过其极限承载能力。通过力学模型计算，可以得到衬砌板各位置截面弯矩及轴力的分布，并计算出衬砌板内部最大拉应力值及其所在位置，当该部位的拉应力小于混凝土极限承载能力时，该衬砌板便满足抗裂要求，不会发生冻胀破坏。式（3.75）给出了截面拉应力的计算方法：

$$\sigma = \frac{6M}{b^2} - \frac{N}{b} \tag{3.75}$$

式中：M 为截面弯矩，$kN \cdot m/m$；N 为截面轴力，kN/m；b 为衬砌板厚度，m。

3.3.3　抛物线形渠道水力+抗冻胀双优设计方法

设抛物线形渠道的正常水深为 h_0，此时渠道水面宽度为 $2b_w$，则过水断面面积 A 为

$$A = 2b_w h_0 - 2\int_0^{b_w} kx^2 \mathrm{d}x = \frac{4}{3}kb_w^3 = \frac{4}{3}\sqrt{\frac{h_0}{k}}h_0 \tag{3.76}$$

对抛物线渠道进行曲线积分可得渠道的湿周 χ 为

$$\chi = 2\int_0^b \sqrt{1+4k^2x^2}\,\mathrm{d}x = \sqrt{\frac{h_0}{k}(1+4kh_0)} + \frac{1}{2k}\ln(2\sqrt{kh_0} + \sqrt{1+4kh_0}) \tag{3.77}$$

结合式（3.76）和式（3.77），得到渠道均匀流的流量 Q 为

$$Q = \frac{\sqrt{i}}{n}\frac{A^{5/3}}{\chi^{2/3}} = \frac{\dfrac{\sqrt{i}}{n}\left[\dfrac{4}{3}\sqrt{\dfrac{h_0}{k}}h_0\right]^{5/3}}{\left[\sqrt{\dfrac{h_0}{k}}(1+4kh_0) + \dfrac{1}{2k}\ln(2\sqrt{kh_0}+\sqrt{1+4kh_0})\right]^{2/3}} \tag{3.78}$$

式中：n 为糙率；i 为水力坡度。

当渠道的过水面积一定，湿周最小时，通过的流量最大。据此求解得到抛物线形渠道水力最优断面通过的流量 Q 与抛物线参数 k 的关系为

$$Q = \frac{0.776835}{n}\left(\frac{0.946732}{k^2}\right)^{5/6}i^{1/2}\frac{0.946732}{k} \tag{3.79}$$

在已知设计流量的情况下，可以利用该式对抛物线渠道进行断面的水力断面参数设计。结合冻胀破坏力学模型，即可对抛物线渠道进行防冻胀和水力性能双目标的优化设计。

3.3.4　案例分析

以河北石津灌区东南部梁家庄项目区斗渠为例，进行防冻胀及水力性能优化设计。该地区属暖温带大陆性季风气候区，年平均气温为 $12 \sim 13℃$，1月平均最低气温为 $-9℃$，极端最低气温为 $-18℃$。该渠道断面曲线的方程为：$y = x^2$，渠道设计流量 $Q = 0.35\text{m}^3/\text{s}$，断面深度 $h = 0.81\text{m}$，正常水深 $h_0 = 0.7\text{m}$，超高 $\Delta h = 0.11\text{m}$，糙率 $n = 0.025$，坡降 $i = 0.52 \times 10^{-3}$，C20混凝土衬砌板厚 $b_c = 0.1\text{m}$。当地土壤质地为壤土，地下水埋深 $d = 2.0\text{m}$，渠道基土最大冻深约为47cm。冻土层弹性模量 E_f 按恒定负温取值为27MPa，经验系数 a 取11，b 取2.1。

3.3.4.1　衬砌板内力计算与抗裂验算

（1）法向冻胀力计算。结合土壤基本参数，根据式（3.57）求解得到衬砌板承受的法向冻胀力分布 $q(x)$。从渠底中心到渠顶，因地下水埋深增大，法向冻胀力一直减小，渠底中心为14.84kPa，渠顶为2.71kPa。

（2）切向冻结约束力计算。将土壤参数和断面参数代入式（3.66）可得：$A = 8.48$，

$B=0.41$，$C=3.03$。再由式（3.65）中求解得到 $\tau_0=13.46\text{kPa}$，代入式（3.60）可得衬砌板承受的切向冻结力分布 $\tau(x)$。

（3）重力荷载计算。结合衬砌尺寸及其参数值，根据式（3.63）求解得到衬砌板的重力值 G。

（4）轴力计算。由式（3.70）～式（3.72）可得衬砌板截面的轴力分布 $N(x)$，如图 3.14 所示。其中，0 为渠底中心位置，1.0 为右侧渠顶位置。从渠底中心到渠顶，截面轴力逐渐减小，渠顶处为 0，渠底中心处最大，为 10.90kN。这主要是由于抛物线渠道渠底的反拱作用，使得渠底附近轴力较大，计算结果与结构的受力一致。

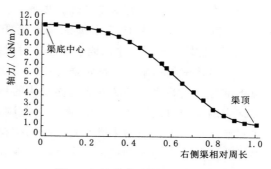

图 3.14　衬砌板截面轴力分布

（5）弯矩计算。由式（3.74）可得衬砌板的截面弯矩沿断面的分布规律 $M(x)$，如图 3.15 所示。从渠底中心到渠顶，截面弯矩逐渐减小，渠底中心为 2.22kN·m，渠顶处为 0。

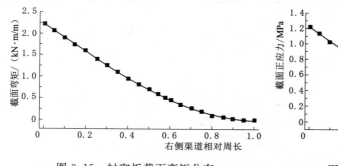

图 3.15　衬砌板截面弯矩分布

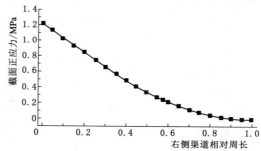

图 3.16　衬砌板正应力分布

（6）抗裂验算。根据衬砌板截面轴力和弯矩的计算结果，由式（3.75）可得衬砌板各点正应力大小，如图 3.16 所示。渠道衬砌上表面处于受拉状态，从渠底中心到渠顶，截面拉应力逐渐减小。渠底中心处取得最大值，为 1.22MPa，其值大于混凝土抗拉强度设计值 1.1MPa，上表面可能会产生冻胀破坏。

3.3.4.2　渠道防冻胀及水力性能双优化计算方法

根据上述渠道衬砌板的抗裂验算结果，该工程原设计可能会导致衬砌板发生冻胀破坏，需要对其断面进行优化设计。结合抛物线形渠道冻胀破坏力学模型和水力最优断面方程，提出基于水力最优解集的抛物线形衬砌渠道的防冻胀设计方法，在保证渠道输水性能的同时，又可减少渠道冻胀，计算步骤如下：

（1）水力最优断面计算：将工程实测数据中 Q、n 和 i 的值代入式（3.79），得到抛物线渠道水力最优时的断面参数 k 为 1.25，即 $y=1.25x^2$ 为水力最优断面。考虑到实际工程需求，进一步求解渠道的实用经济断面解集，该断面水力性能接近水力最优断面，增大断面参数的优化空间。

（2）实用经济断面计算：由式（3.76）可得水力最优断面的过水面积 A_m，记 $\alpha = A/A_m$，一般实用经济断面的 α 取 1.01～1.04，进一步结合式（3.76）～式（3.79），求解渠道断面参数 k 的取值依次为 0.8，0.67，0.57，0.5，断面逐渐变的宽浅。

（3）在 3.3.4.1 中力学模型计算步骤下，表 3.2 给出了上述断面参数 k 和不同地下水埋深 d（每个 k 对应的地下水埋深到地面距离不变）组合下的衬砌板截面最大拉应力 σ_{max}。相比于渠道断面尺寸，地下水埋深对衬砌板的冻胀受力影响更为显著。根据表 3.2，可在水力最优解集基础上，确定防冻胀性能优良的渠道断面形式和地下水位置，如表中红线以下部分可满足水力和防冻胀性能双优的目标。

该表的使用方法：在 $d \leqslant 1.8m$ 时，在满足水力性能的基础上，适当减小 k 值可有效减少衬砌板拉应力，但均未满足衬砌板的抗拉强度值；此时可采用渠道排水来降低地下水位的措施，使其满足衬砌板抗拉强度，如在 $d = 2.0m$ 时，k 小于 0.67 时则满足，在 $d > 2.0m$ 时，不同 k 的断面均满足。因工程案例中的渠道输水流量较小，导致变化不同 k 时，截面尺寸变化相对较小，应力削减效果不明显，但可反映出断面结构变化对其自身受力的影响。

表 3.2　　　　　　不同地下水位和断面参数下的最大拉应力　　　　　　单位：MPa

α	1	1.01	1.02	1.03	1.04
k	1.25	0.8	0.67	0.57	0.5
$d=1.4$	6.30	5.78	5.49	5.38	5.28
$d=1.6$	3.99	3.53	3.33	3.23	3.11
$d=1.8$	2.42	2.09	1.93	1.86	1.83
$d=2.0$	1.39	1.15	1.08	1.02	0.98
$d=2.2$	0.71	0.53	0.47	0.43	0.41
$d=2.4$	0.27	0.12	0.06	0.03	0.01

3.3.4.3　计算方法评价

该工程实例原有设计中，$k = 1$ 仅满足水力性能优良的目标，但并不满足防冻胀性能的目标，渠道衬砌仍会发生冻胀破坏。采用表 3.2 计算结果，渠道断面参数 k 在 0.5～0.67 取值，则既可满足水力性能指标，衬砌板的冻胀拉应力又小于材料允许抗拉强度，可减少渠道发生冻胀破坏的可能性，设计更符合寒区环境。

以往寒区渠道设计中仅依据渠道的水力学性能进行设计，而无法考虑渠道的防冻胀性能。本书提出的水力和防冻胀双优计算方法可在保证渠道输水性能优良的基础上，尽量降低衬砌板受到的冻胀拉应力，该方法可辅助设计人员进行寒区渠道的输水性能和防冻胀双优化设计。

3.3.5　数字化设计软件

上文将寒区抛物线渠道在冻土水-热-力耦合作用下的破坏问题简化为便于设计人员理解和使用的工程力学模型，为进一步提高设计效率，本章在 3.3.4.1、3.3.4.2 节计算方法的基础上，集成式（3.57）～式（3.79），以 Python 语言为手段，开发设计软件辅助工程人员进行寒区渠道的快速准确设计。软件的计算模块和计算流程如图 3.17 所示。

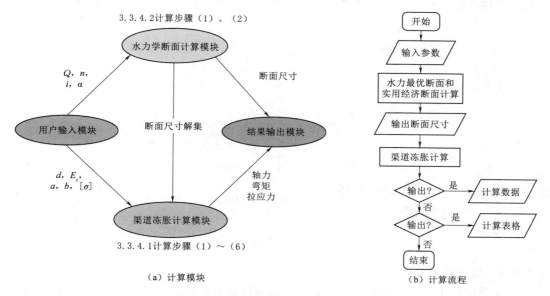

图 3.17　软件的计算模块和计算流程

　　渠道的水力学断面尺寸由 3.3.4.2 节中的步骤（1）、（2）来计算，渠道冻胀计算模块由 3.3.4.1 节的步骤（1）～（6）来计算，计算公式通过 Python 语言封装，设计软件主界面如图 3.18 所示。该软件可依据渠道设计流量、糙率和比降等变量进行渠道断面的尺寸设计；在多种尺寸解集基础上，依据寒区气温、土质、地下水位等因素，进行渠道的冻胀计算，快速给出轴力、弯矩和拉应力图，得到符合设计要求的渠道结构尺寸。工程设计人员仅需根据软件的用户输入模块填入相应的数据，即可进行寒区渠道断面设计。下面重点介绍该设计软件的用户输入模块及结果输出模块。

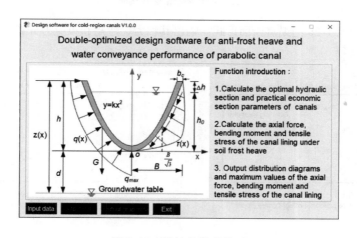

图 3.18　设计软件主界面

3.3.5.1　用户输入模块

启动软件后，首先输入计算参数。单击"数据输入"按钮，对照主界面力学模型示意图输入各项参数。输入完成后，"数据输出""图形输出"按钮变为可用状态（图3.19）。

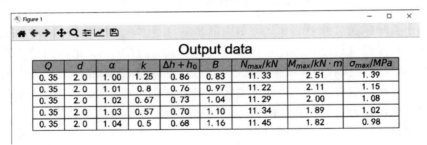

图3.19　参数输入界面

3.3.5.2　用户输出模块

在主界面单击"数据输出"按钮就会弹出软件计算出的各项结果，如图3.20所示。

Q	d	α	k	Δh + h_0	B	N_{max}/kN	$M_{max}/kN \cdot m$	σ_{max}/MPa
0.35	2.0	1.00	1.25	0.86	0.83	11.33	2.51	1.39
0.35	2.0	1.01	0.8	0.76	0.97	11.22	2.11	1.15
0.35	2.0	1.02	0.67	0.73	1.04	11.29	2.00	1.08
0.35	2.0	1.03	0.57	0.70	1.10	11.34	1.89	1.02
0.35	2.0	1.04	0.5	0.68	1.16	11.45	1.82	0.98

图3.20　数据输出界面

选取其中的$k = 1.25$的渠道断面形式，输出其轴力、弯矩和拉应力分布图（图3.21）。

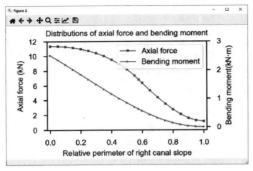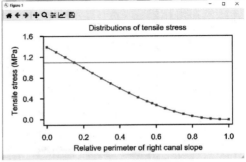

图3.21　图形输出界面

3.4　本章小结

围绕渠道防渗衬砌结构的力学计算模型和设计方法，本章建立了渠道衬砌冻胀破坏的工程力学模型和弹性地基梁模型；提出了"水力＋抗冻胀"设计方法；开发了相应的数字化设计软件供设计人员使用，得到主要成果如下：

（1）提出了渠道衬砌冻胀破坏的工程力学模型。结合渠道衬砌结构的冻胀破坏规律，建立了梯形渠道（直线形渠道）和弧底梯形渠道（曲线形渠道）等冻胀破坏工程力学模型，得出了其内力计算公式和冻胀破坏失效准则，揭示了冻胀力和冻结力互生平衡规律、系统处于不稳平衡状态、宽浅式渠道和弧形底板防冻胀等冻胀破坏机理，计算结果与实际基本一致，具有很好的应用价值。

（2）基于 Winker 弹性地基梁理论，分析了梯形渠道衬砌结构所承受的冻胀力分布规律，得到了渠道冻胀破坏弹性地基梁模型，计算出了渠道衬砌在冻胀作用下的变形及内力分布规律。

（3）基于工程力学模型和水力学方法，提出了抛物线形衬砌渠道的"水力＋抗冻胀"双优断面设计方法，既可考虑渠道的水力性能，又能减少渠道的冻胀受力，弥补了以往以水力性能为主要设计依据的不足，为寒区渠道设计提供了新的方法。

（4）基于"水力＋抗冻胀"双优设计方法，开发了数字化设计软件，设计人员仅需根据软件输入界面输入相应参数，便可得到对应参数下的水力最优和实用经济断面尺寸及其对应的轴力、弯矩及拉应力分布图等。软件简洁、易用，方便工程人员设计使用。

第4章 渠道冻胀水-热-力耦合数值模型及应用

旱寒区输水渠道在外界复杂环境作用下，渠基土内部发生着复杂的水-热-力耦合冻胀作用以及渠基冻土与衬砌结构的不协调作用，最终导致渠道发生冻胀破坏。工程力学模型虽简单实用，但仅能计算渠道的静力状态，对于基土内部冻胀和界面演化的动态规律无法有效分析，其动态冻胀破坏机理需进一步结合数值模型探索，工程力学模型计算的渠道结构尺寸亦需采用数值模型进一步校核。因此，亟待建立渠道冻胀数值模型，为旱寒区渠道安全运行提供理论基础和技术指导。

20世纪90年代末，限于当时的计算机性能和理论知识水平，渠道冻胀的热-力耦合模型得到发展并广泛应用，为当时结构设计和机理探索提供了先进技术手段。近年来，考虑水分迁移、冰水相变、基土冻胀、衬砌-冻土相互作用等过程的渠道冻胀水-热-力耦合模型快速发展，并逐渐发展成为标准化软件设计平台供设计人员使用，使用简单且可考虑上述复杂过程，满足工程要求。

4.1 渠道冻胀热-力耦合数值模型

冻土与建筑物之间的相互作用十分复杂，对工程设计又是非常重要的问题。以往解决这一问题的方法是预先根据工程经验或现场测定粗略确定出各种冻胀力的大小，然后将这些力加在建筑物上进行设计。然而，冻胀力的大小不仅与冻土本身及其冻胀条件有关，还与建筑物的刚度有关；实测结果相差悬殊，设计指标难以确定。因此，寻求一种避开直接测定冻胀力的确切计算方法是非常有理论及应用价值的。将冻土与建筑物视为一个整体，应用非线性有限单元法按大体积超静定结构温度应力的计算方法来研究冻土与建筑物之间的相互作用，建立一种通用的数值计算方法。

4.1.1 基本假定

由于冻土是由土颗粒、孔隙水、冰及空气组成的多相材料，其物理性质较为复杂，并且在冻结过程中，由于外界环境的变化，冻土内部发生较为复杂的物理化学变化。为便于分析，对其进行恰当简化，以便抓住影响冻结过程及冻胀变形的主要特征，主要假设如下：

（1）尽管土的冻胀与其温度、水分、土质密切相关，当具体工程中水分及土壤条件确定时，土体最终冻胀主要取决于温度；暂不考虑土冻结过程中水分迁移。

（2）根据试验研究假定相变温度在同一种土中和同种外力条件下为常值，暂取相变温度为0℃。

4.1.2 热-力耦合控制方程

1. 热-力耦合方程

在北方季节性冻土区整个冻结期长达两个多月，冻胀过程可近似认为是一个很缓慢的稳态传热过程。在冻结和融化过程中，热传导项大于对流项 2～3 个数量级，故忽略对流影响。

$$\frac{\partial}{\partial x}\left(\lambda_x \frac{\partial T}{\partial x}\right) + \frac{\partial}{\partial y}\left(\lambda_y \frac{\partial T}{\partial y}\right) = 0 \tag{4.1}$$

式中：T 为温度，℃；λ_x、λ_y 为冻土沿 x、y 向的导热系数，W/(m·k)。

将含水量、温度、土质及地下水位共同作用影响的冻胀简化为常规材料热胀冷缩的特例（即冷胀热缩）。将冻胀率设置为与竖直方向坐标值成正比的变量来模拟冻胀，将冻土视为各向同性完全弹性材料，其弹性模量随温度变化。平面应变问题中考虑冻胀的冻土本构方程见式（4.2）～式（4.5）。

$$\alpha = \eta/T \tag{4.2}$$

$$\varepsilon_x = \frac{1}{E(T)}(\sigma_x - \nu\sigma_y) + \alpha(T, f_\beta)(T - T_0) \tag{4.3}$$

$$\varepsilon_y = \frac{1}{E(T)}(\sigma_y - \nu\sigma_x) + \alpha(T, f_\beta)(T - T_0) \tag{4.4}$$

$$\gamma_{xy} = \frac{2(1+\nu)}{E(T)}\tau_{xy} \tag{4.5}$$

式中：α 为线膨胀系数，$1/T$；η 为冻胀率；T 为当前温度，℃；ε_x、ε_y 为 x、y 方向正应变；γ_{xy} 为剪应变；σ_x、σ_y 为 x、y 方向正应力，MPa；τ_{xy} 为剪应力，MPa；E 为弹性模量，MPa；θ_0 为初始温度，℃；ν 为泊松比；f_β 为竖直方向坐标值，m。

2. 冻土与混凝土接触面本构方程

接触非线性本构关系主要指接触面剪应力 τ 与相对切向位移 u 之间的关系，而接触面法向行为采用 ABAQUS 软件中的修正硬接触模型，即允许接触面承受一定拉应力，该允许拉应力等于接触面处相应温度下对应的混凝土与冻土的最大冻结强度。混凝土与冻土间接触面冻结力与剪切变形之间呈双曲线形关系，其表达式为

$$\tau = \frac{u}{a + bu} \tag{4.6}$$

式中：a 为接触面初始剪切刚度的倒数；b 为接触面所能承受剪应力极值的倒数。即

$$\left.\begin{array}{l} a = \dfrac{1}{k_{\tau,\max}} \\[2mm] b = \dfrac{1}{\tau_{\mathrm{uli}}} = \dfrac{R_{\mathrm{f}}}{\tau_{\mathrm{f}}} \end{array}\right\} \tag{4.7}$$

式中：$k_{\tau,\max}$ 为最大刚度系数；τ_{f} 为接触面破坏剪应力，MPa；R_{f} 为破坏比。

将式（4.7）代入式（4.6）得

$$\tau = k_{\tau,\max}\frac{u}{1 + k_{\tau,\max}\dfrac{R_{\mathrm{f}}}{\tau_{\mathrm{f}}}u} \tag{4.8}$$

又切向刚度 $k_\tau = \mathrm{d}\tau/\mathrm{d}u$，对式（4.8）进行微分得

$$k_\tau = k_{\tau,\max}\left(1 - \frac{R_\mathrm{f}}{\tau_\mathrm{f}}\tau\right)^2 \tag{4.9}$$

可见，接触面剪应力与相对剪切位移之间的关系包括三个参数 $k_{\tau,\max}$、R_f 和 τ_f。

4.1.3　模型验证

4.1.3.1　渠道概况

以甘肃省靖会总干的衬砌渠道为对象，渠道基本情况见表4.1、表4.2。由于渠道各部位的坡向不同，日照强度不一，以及土质、水分、风力等条件的差异，加之走向不同，因而各部位的日照及温度水分状况不同，冻结状态及冻深也不同。李安国通过缩小模型试验测出了冻胀量沿渠道断面的分布规律及冻深，计算出了冻胀率（表4.3）。考虑到原型试验影响因素较多、尺寸较大、取样点可能具有特殊性，因此以李安国室内模型实验数据作为主要参考。

表4.1　　　　　　　　　　　渠道各部位的表面温度和冻结期

部位	月平均表面温度/℃			冻　结　期
	12月	1月	2月	
阴坡	−4.92	−4.85	−0.72	11月27日至次年2月27日
渠底	−4.56	−5.22	−1.15	11月27日至次年2月26日
阳坡	−3.55	−4.75	−0.54	11月27日至次年2月27日

表4.2　　　　　　　　　　　原　型　渠　道　基　本　情　况

部位	渠床土质	冻深 h/cm	冻胀量 Δh/cm	冻胀率 η/%
阴坡		71	5.0	7.04
渠底	粉质壤土	59	4.4	7.46
阳坡		46	3.7	8.04

表4.3　　　　　　　　　　　模　型　渠　道　测　量　结　果

部　位	阴坡	渠底	阳坡
冻深 h/cm	84.0	51.6	74.5
冻胀量 Δh/cm	7.08	5.91	6.41
冻胀率 η/%	4.63	10.98	3.95

4.1.3.2　有限元模型及参数选取

有限元建模时，从渠顶向下取10m作为模型下边界，即多年温度不变层为下边界，左右边界分别取到距渠坡顶点2.5m处。采用小弹性模量材料来模拟伸缩缝，分别采用考虑板土接触非线性的模型和将渠道混凝土衬砌板与渠基冻土视为整体的模型对该渠道的冻胀过程进行先热后力的顺序耦合方法进行模拟，并比较两者结果。

热传导分析时渠道的上下边界条件采用第一类边界条件：$T(L,t)＝T_L$，其中 L 为冻结问题的边界。其中上边界按照表 4.1 进行取值，下边界取多年温度不变层温度，约等于当地年平均气温 11℃，左右边界为绝热边界。受力分析时，下边界为固端约束，上边界自由，左右边界为水平方向约束（图 4.1）。

对于稳态热传导，温度场的分布仅与各个材料的导热系数 λ 有关。低温潮湿时低标号混凝土的导热系数为 $\lambda_c＝1.65W/(m\cdot℃)$。根据李安国实测渠底含水量约为 30%，渠坡中部约为 20%，查阅《冻土物理学》得到对应的冻土导热系数分别为 $1.1W/(m\cdot℃)$ 和 $0.57W/(m\cdot℃)$，然后按照竖直位置坐标进行插值得到各个位置的导热系数，冻土泊松比取 0.33。地表 5m 以下一般为导热系数较大的土体，取 $\lambda_b＝4.7W/(m\cdot℃)$。线膨胀系数

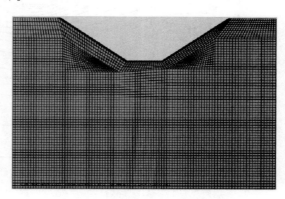

图 4.1　梯形渠道有限元网格

按照 η/T_{min} 取值，η 为冻胀率，T_{min} 为相应部位月平均表面温度最小值。竖直坐标位置的冻胀率 η 按插值方法进行插值。混凝土采用考虑软化的全阶段应力应变本构，按照 C20 进行取值，抗拉强度值为 1.27MPa，抗压强度值为 13.4MPa。其他参数见表 4.4～表 4.6。

表 4.4　　　　　　　　　　　冻土弹性模量随温度变化

温　度/℃	0	—1	—2	—3	—5
弹性模量/MPa	11	19	26	33	46

表 4.5　　　　　　　　　　　其 他 材 料 参 数

材　料	弹性模量/Pa	泊松比	密度/(kg/m³)	线膨胀系数
混凝土	$2.4×10^{10}$	0.2	2400	$1.1×10^{-5}$
接缝材料	$2.0×10^{5}$	0.45		
下层土体	$4.5×10^{10}$	0.2		0

表 4.6　　　　　　　　　　　接 触 面 单 元 参 数

最大刚度系数 K_{max}/Pa	破坏比 R_f	接触面破坏剪应力 τ_f/Pa
$1.2×10^{8}$	0.83	580000

4.1.3.3　计算结果分析

（1）温度场结果。图 4.2 为渠道温度场分布图，渠坡及渠底表层的温度梯度大，随着深度增大温度梯度越来越小。模拟得到的冻深分别为阴坡 87.4cm、渠底 55.1cm、阳坡 71.4cm，与模型实测冻深基本一致（表 4.3）。

（2）变形场结果。法向冻胀量沿渠道断面分布如图 4.3 所示，图中竖直辅助线用来区分渠坡与渠底，左为阴坡，右为阳坡，中间为渠底，下文不再赘述。由图 4.3 可知，阴坡

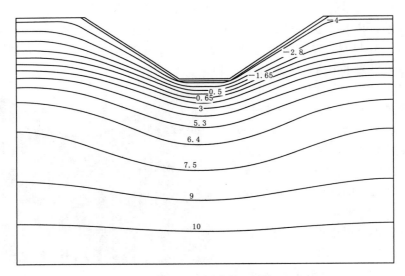

图 4.2　渠道温度场分布（单位：m）

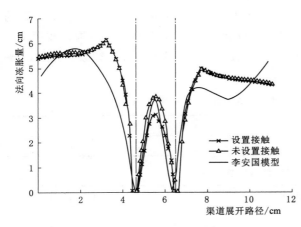

图 4.3　法向冻胀量沿渠道断面分布

冻胀量最大，阳坡次之，渠底最小，原因是阴阳坡冻深较大，发生冻胀土体较多。模拟结果表明，在渠底中部和阴阳坡靠近坡脚约 1/3 坡板长度处分别达到各断面最大值，其中渠底为 3.88cm（设置接触非线性的为 3.16cm），阴坡为 6.08cm，阳坡为 5.03cm，与李安国模型结果基本一致。设置接触非线性与未设置接触非线性模拟的冻胀量分布基本一致，只是在数值小于未设置接触非线性的结果。

（3）混凝土衬砌板破坏情况。混凝土衬砌板塑性应变沿渠道断面分布如图 4.4 所示。对于设置接触非线性的模型，渠底中部塑性应变最大，阴阳坡在距离渠底约 1/3 坡板长处最大，即在这些部位渠道最易发生破坏，与工程实践一致。在靠近渠顶处混凝土衬砌板塑性应变为 0，说明混凝土未进入塑性区，该部位混凝土衬砌板不易发生破坏。而对于未设置接触非线性的模型，在渠底板的塑性应变分布与设置接触非线性的模型基本一致，只是在渠坡板靠近坡脚处的塑性应变明显高于设置接触非线性的模型，最大值相差约 70%。由设置接触非线性模型的变位图可知，在阴阳坡靠近渠底附近渠坡板与冻土发生了脱空和滑移，不能继续传递力的作用，因此导致塑性应变值明显减小。相反未设置接触非线性的模型不能反映脱离及相对滑动过程中传力的减小，因此在此处的塑性应变较大。总体而言，对于混凝土衬砌渠道，渠底板比渠坡板更易发生破坏，与工程实践相符。

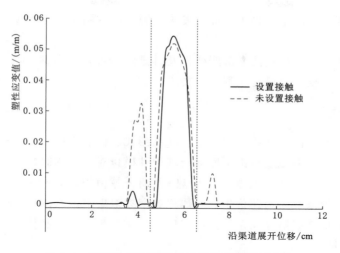

图 4.4　混凝土衬砌板塑性应变沿渠道断面分布

（4）法向冻胀力。混凝土衬砌板下表面受到冻土冻胀产生的法向冻胀力分布如图 4.5 所示。由设置接触非线性模型的模拟结果可知，渠底板在中部受到的法向冻胀力较小，而在渠底板稍靠近两端受到的负法向冻胀力较大，即法向冻结力。在阴阳坡板处中间部分受到法向冻胀力，稍靠近两端受到法向冻结力。这与在渠坡板和底板处的冻胀量分布相符，中间的冻胀量大于两端，因此中间受到顶托，两端受到约束，表现为中间为法向冻胀力，两端法向冻结力。在更靠近坡脚处，渠底板及坡板冻胀率较大且冻胀变位空间有限，因此均表现为法向冻胀力。同时阴坡的法向冻胀力及法向冻结力也明显高于阳坡，与实践相符。对于未设置接触非线性模型得到的结果，其分布规律也与设置接触非线性的结果大体一致，只是在渠底板两端有较大区别，两端都受到较大的法向冻结力，但是未设置接触非线性得到的结果的峰值为设置接触非线性的 2～3 倍，且高于该温度下的混凝土与冻土冻结接触界面的最大冻结强度 0.51MPa。观察变位云图可知，设置接触非线性的模型在这

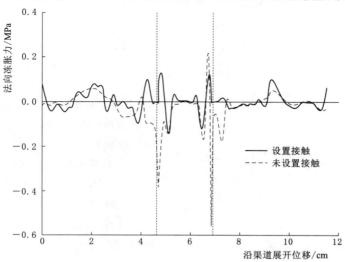

图 4.5　法向冻胀力分布

一部位的渠坡板附近混凝土衬砌板和冻土发生了脱开，在图4.5中表现为在接近坡脚处的法向冻结力为0。

综合渠道温度场、衬砌板法向冻胀变形及其破坏情况基本与现场实测结果基本一致，提出的热力耦合数值模型可满足工程实际要求。

4.1.4　案例分析

结合现场调研及室内外试验可知，渠道断面形式、代表土质水分及温度因素的渠基土冻胀系数、分缝位置、混凝土衬砌板厚度及其弹性模量对渠道冻胀影响较大。为进一步分析上述因素对渠道冻胀破坏的影响，采用热-力耦合数值模型，利用正交实验设计理论，选取渠道冻胀不均匀系数作为评价指标，研究各因素对渠道冻胀的敏感性，为探索混凝土衬砌渠道最有效的抗冻胀措施及设计方法提供了科学合理的方法和依据。

4.1.4.1　基本变量

（1）断面形式。选取甘肃省靖会总干的梯形、弧底梯形渠道及宝鸡峡灌区塬下北干渠进行数值模拟分析，断面形式如图4.6～图4.8所示。

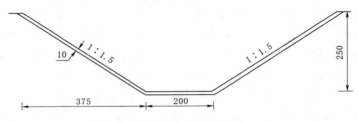

图4.6　梯形渠道断面（单位：cm）

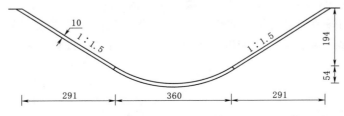

图4.7　弧底梯形渠道断面（单位：cm）

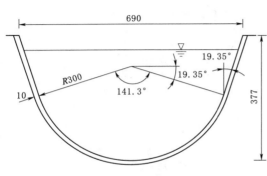

图4.8　塬下北干渠断面（单位：cm）

（2）分缝位置。设为三种基本形式，分别为衬砌板不设缝、衬砌板坡脚处设缝和衬砌板坡高1/3处设缝，以梯形渠道为例，三种基本分缝形式如图4.9所示。

（3）其他因素：衬砌板厚度取8cm、10cm和12cm，弹性模型取24GPa、26GPa和28GPa，冻胀系数分别取原系数的0.5倍、1.0倍、1.5倍，具体见表4.7。

表 4.7 各 因 素 取 值

水平	渠道断面形式	衬砌板厚度/cm	分缝位置	冻胀系数①	混凝土弹性模量 E/GPa
1	梯形渠道	8	I	0.5	24
2	弧底梯形	10	II	1.0	26
3	U 形渠道	12	III	1.5	28

① 原冻胀系数的倍数。

4.1.4.2 评价标准

选取冻胀不均匀系数 K 作为评价指标，即相邻两测点的冻胀量差值与其间距的比值。在有限元模型上选择比较具有代表性的 9 个点，以梯形混凝土衬砌渠道为例，其具体位置、间距如图 4.10 所示。1 号和 2 号之间的冻胀不均匀系数为 K_1，2 号和 3 号之间的冻胀不均匀系数为 K_2，4 号和 5 号之间为 K_3，5 号和 6 号之间为 K_4，7 号和 8 号之间为 K_5，8 号和 9 号之间为 K_6，则有 $K = (K_1 + K_2 + K_3 + K_4 + K_5 + K_6)/6$。$K$ 值代表沿衬砌板长度的平均冻胀不均匀系数，其值越大，则代表渠道冻胀变形越不均匀。

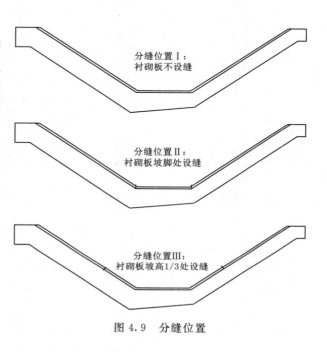

分缝位置 I：
衬砌板不设缝

分缝位置 II：
衬砌板坡脚处设缝

分缝位置III：
衬砌板坡高1/3处设缝

图 4.9 分缝位置

4.1.4.3 结果分析

选取的 5 因素 3 水平模型，按正交表 $L_{18}(37)$ 安排进行数值模拟。5 个因素分别在 1、2、3、4、5 列上一共进行 18 次数值模拟，所有模拟结果见表 4.8。

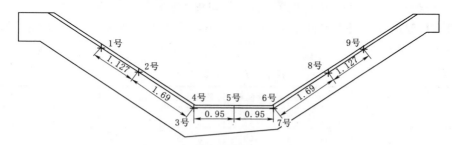

图 4.10 有限元模型测点的具体位置、间距（单位：m）

对正交模拟结果进行极差分析，即将每个因素相同水平的模拟结果求平均值，然后在因素 4 个水平的平均值中用最大值减最小值求得相应极差。极差大说明此系数的不同水平产生差异较大，则敏感性就大。分析结果见表 4.9。敏感性由大到小依次排列为：渠道断面形式＞渠基土冻胀系数＞分缝位置＞混凝土衬砌板厚度＞混凝土衬砌板弹性模量。

表 4.8　　　　　　　　　　　　模 拟 结 果

方案	渠道断面形式	衬砌板度/cm	分缝位置	冻胀系数	混凝土弹性模量 E/GPa	冻胀不均匀系数 K
1	梯形渠道	8	Ⅰ	0.5	24	8.2644×10^{-3}
2	梯形渠道	10	Ⅱ	1.0	26	8.0438×10^{-3}
3	梯形渠道	12	Ⅲ	1.5	28	9.4120×10^{-3}
4	弧底梯形	8	Ⅰ	1.0	26	5.6122×10^{-3}
5	弧底梯形	10	Ⅱ	1.5	28	6.0878×10^{-3}
6	弧底梯形	12	Ⅲ	0.5	24	3.2154×10^{-3}
7	U 形渠道	8	Ⅱ	1.5	28	1.7875×10^{-3}
8	U 形渠道	10	Ⅲ	1.0	24	2.6821×10^{-3}
9	U 形渠道	12	Ⅰ	1.5	26	4.0114×10^{-3}
10	梯形渠道	8	Ⅲ	1.5	26	8.2532×10^{-3}
11	梯形渠道	10	Ⅰ	0.5	28	7.0644×10^{-3}
12	梯形渠道	12	Ⅱ	1.0	24	7.8414×10^{-3}
13	弧底梯形	8	Ⅱ	1.5	24	7.3345×10^{-3}
14	弧底梯形	10	Ⅲ	0.5	26	5.1053×10^{-3}
15	弧底梯形	12	Ⅰ	1.0	28	5.5321×10^{-3}
16	U 形渠道	8	Ⅲ	1.0	28	2.4134×10^{-3}
17	U 形渠道	10	Ⅰ	1.5	24	3.5837×10^{-3}
18	U 形渠道	12	Ⅱ	0.5	26	1.3062×10^{-3}

由表 4.9 可见,与梯形渠道和弧底梯形渠道相比,U 形渠道能有效降低渠道的不均匀程度;K 值随混凝土衬砌板厚度增大而有减小趋势;通过分缝能够减小 K 值,其中以在衬砌板坡高 1/3 处为最小;K 值随渠基土冻胀系数增大而明显增大,随混凝土弹性模量增大而有所减小。由此可以得出渠道冻胀不均匀程度随着渠基土冻胀系数增大而增大,随混凝土衬砌板厚度和混凝土弹性模量增大而减小,采用 U 形断面和分缝措施能够有效抑制渠道冻胀。

表 4.9　　　　　　　　　　　　模 拟 结 果 极 差 分 析

方案	渠道断面形式	衬砌板厚度	分缝位置	冻胀系数	混凝土弹性模量	检 验
均值 1	8.147	5.611	5.678	4.4575	4.87	均值 1 + 均值 2 + 均值 3 = 16.259
均值 2	5.481	5.428	5.400	5.3545	3.89	
均值 3	2.631	5.220	5.180	6.4475	3.83	
极差	5.516	0.391	0.498	1.990	0.104	
排序	1	4	3	2	5	

注　表中均值 1 到均值 3 分别对应表 4.7 中水平 1 到水平 3 的均值结果。

方差的大小反映该因素对实验指标均值的偏离程度,数值越大,表明该因素水平的微小变动会导致指标值的较大波动，即所谓敏感性很大。对模拟结果进行方差分析，结果见表 4.10。方差由大到小依次排列为：渠道断面形式＞渠基土冻胀系数＞分缝位置＞混凝土衬砌板厚度＞混凝土衬砌板弹性模量，断面形式对于渠道冻胀具有高度显著的影响。其次为渠基土冻胀系数、分缝位置、混凝土衬砌板厚度和混凝土弹性模量。所得结果与极差分析结果一致，同时基本符合冻胀过程中的实际情况。

表 4.10 模 拟 结 果 方 差 分 析

来　源	平方和	自由度	F 值	临界值 $F0.05(2,18)$	显著性
渠道断面形式	91.307	2	4.370	3.55	
衬砌板厚度	0.460	2	0.022	3.55	
分缝位置	0.747	2	0.036	3.55	高度
冻胀系数	11.918	2	0.570	3.55	
混凝土弹性模量	0.041	2	0.002	3.55	
总和	104.470	10			

4.2　渠道冻胀水-热-力耦合数值模型

上述热-力耦合计算模型简单实用，但未全面反映出渠道的冻胀过程，如水分迁移、冰水相变、横观各向同性冻胀等过程。为此，在上述热-力耦合模型的基础上，进一步考虑上述过程，建立可反映渠道冻胀过程的水-热-力耦合冻胀数值模型。

4.2.1　渠基土水-热-力耦合控制方程

4.2.1.1　水-热耦合控制方程

因土颗粒间隙较小而以考虑热传导为主，采用冰水相变修正后的傅里叶热传导方程为

$$C_v \frac{\partial T}{\partial t} = \nabla(\lambda \nabla T) + L_f \rho_i \frac{\partial \theta_i}{\partial t} \tag{4.10}$$

式中：T 为温度，℃；L_f 为冰水相变潜热，KJ/kg；ρ_i 为冰密度，kg/m³；θ_i 为体积冰含量；C_v 和 λ 分别为土体等效定压热容 J/(kg·K) 和等效导热系数 W/(m·K)，其值由下述半经验公式估算：

$$C_v = \frac{1}{\rho} (\rho_s C_s \theta_s + \rho_w C_w \theta_w + \rho_i C_i \theta_i) \tag{4.11}$$

$$\lambda = \lambda_s \theta_s + \lambda_w \theta_w + \lambda_i \theta_i + \lambda_a \theta_a \tag{4.12}$$

式中：下标 s、w、i、a 分别代表土颗粒、水、冰及气相。

变饱和多孔介质内的水分运动可用水头型 Richards 方程描述，添加冰相的方程为

$$C \frac{\partial h}{\partial t} = \nabla[k \nabla(h+i)] - \frac{\rho_i}{\rho_w} \frac{\partial \theta_i}{\partial t} \tag{4.13}$$

式中：C 为比水容量；h 为基质势，m；k 为土体渗透系数，m/s；i 为重力项。

采用 van Genuchten 模型来描述未冻水含量与基质势、渗透系数的关系，方程为

$$C = \frac{\alpha m}{1-m} \theta_s - \theta_r Se^{1/m} (1 - Se^{1/m})^m \tag{4.14}$$

$$k(Se) = k_s \sqrt{Se} [1 - (1 - Se^{1/m})^m]^2 \tag{4.15}$$

$$Se = \frac{\theta_w - \theta_r}{\theta_s - \theta_r} = [1 + |\alpha h|^{1/(1-m)}]^m \tag{4.16}$$

式中：α、m 为试验拟合参数；θ_s、θ_r 分别为饱和、残余含水量；Se 为等效饱和度；$k(Se)$、k_s 分别为非饱和土、饱和土的渗透系数，m/s。

引入冰阻抗系数 I 来近似估算因冰的存在而引起的冻土渗透系数 k 的降低，方程为

$$k = k(Se) I(\theta_i) = k(Se) 10^{-10\theta_i} \tag{4.17}$$

因颗粒表面能作用，冻土中的未冻水含量始终与温度保持动态平衡，方程为

$$W_u = a |T|^b \tag{4.18}$$

式中：W_u 为未冻水的质量含水量；a、b 为实验参数；T 为含水量为 W_u 时对应的冻结温度（T_f），℃。

4.2.1.2　应力-应变控制方程

基于增量弹塑性理论，冻土的应力-应变方程为

$$\{\Delta\sigma\} = [D](\{\Delta\varepsilon\} - \{\Delta\varepsilon^p\} - \{\Delta\varepsilon^v\}) \tag{4.19}$$

式中：$[D]$ 为弹性矩阵；$\{\Delta\varepsilon^v\}$ 为冻胀应变增量向量；$\{\Delta\varepsilon^p\}$ 为塑性应变增量向量。

4.2.2　冻土的横观各向同性冻胀模型

为下文描述方便，定义冻土某一点的整体坐标系 O_{xy} 与材料坐标系 O_{12}，如图 4.11 所示。1 方向与温度梯度方向平行，2 方向则垂直于温度梯度方向；而 $X_j(X=x,y,z; j=1,2,3)$，表示整体坐标系的 X 轴到材料坐标系 j 的转角余弦值，以逆时针分方向为正。

由冻土自由冻胀系数试验可知，冻土的冻胀具有方向性，并引入分配权重 ξ 分别描述平行于温度梯度方向和垂直于温度梯度方向的体积改变量。

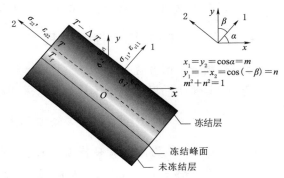

图 4.11　冻土某一点的材料坐标与整体坐标系

$$\varepsilon_{0,123} = (\theta_w + \theta_i - n_0) \begin{bmatrix} \xi & 0 & 0 \\ 0 & \frac{1}{2}(1-\xi) & 0 \\ 0 & 0 & \frac{1}{2}(1-\xi) \end{bmatrix} \tag{4.20}$$

式中：$\varepsilon_{0,123}$ 为材料坐标系下水-冰相变引起的体积应变张量；$\xi \in [1/3, 1]$，用于描述冻土冻

胀正交横观各向同性特征；特别地，当 $\xi=1/3$ 时，冻土退化为各向同性材料。通过模拟与试验对比后建议，细颗粒土及级配良好均质土的 ξ 取 0.9。

4.2.3　冻土的横观各向同性力学本构模型

冻土材料应考虑横观各向同性性质，令材料坐标系 O_{123}（1 为平行于温度梯度的方向，2 为平面内垂直于温度梯度的方向，3 为平面外法线方向，1、2、3 满足右手法则）应力张量和应变张量分别为

$$\sigma_{123}=D_{123}\varepsilon_{123}$$
$$\sigma_{123}=\{\sigma_{11},\sigma_{22},\sigma_{33},\sigma_{23},\sigma_{31},\sigma_{12}\}^T$$
$$\varepsilon_{123}=\{\varepsilon_{11},\varepsilon_{22},\varepsilon_{33},\varepsilon_{23},\varepsilon_{31},\varepsilon_{12}\}^T$$
$$\gamma_{ij}=\varepsilon_{ij}+\varepsilon_{ji},\ i,j=1,2,3 \tag{4.21}$$

考虑横观各向同性的基本性质，则有

$$D_{123}=\begin{bmatrix} d_{11} & d_{12} & d_{13} & & & \\ & d_{22} & d_{23} & & 0 & \\ & & d_{33} & & & \\ & & & d_{44} & & \\ & \text{sym} & & & d_{55} & \\ & & & & & d_{66} \end{bmatrix} \tag{4.22}$$

其中

$$d_{11}=\frac{1-\nu_{23}}{1-\nu_{23}-2\nu_{12}\nu_{21}}E_1$$

$$d_{12}=\frac{\nu_{21}}{1-\nu_{23}-2\nu_{12}\nu_{21}}E_1$$

$$d_{13}=\frac{\nu_{21}}{1-\nu_{23}-2\nu_{12}\nu_{21}}E_1$$

$$d_{22}=d_{33}=\frac{1-\nu_{21}\nu_{12}}{(1-\nu_{23}-2\nu_{12}\nu_{21})(1+\nu_{23})}E_2$$

$$d_{23}=\frac{\nu_{23}+\nu_{12}\nu_{21}}{(1-\nu_{23}-2\nu_{12}\nu_{21})(1+\nu_{23})}E_2$$

$$d_{44}=2G_{23}=\frac{E_2}{1+\nu_{23}}$$

$$d_{55}=d_{66}=2G_{31}=2G_{12}=\frac{2E_1E_2}{E_1(1+\nu_{21})+E_2(1+\nu_{12})}$$

由上式可知，需要已知 E_1、E_2、ν_{12}、ν_{21} 及 ν_{23} 共 5 个力学指标。

4.2.3.1　材料坐标系与整体坐标系变换

受外界复杂温度边界的影响，计算域内每一点的温度梯度方向都不同、且同一点不同时刻温度梯度方向也有可能不同。因此，与裂隙岩体等工程材料不同，冻土中的正交材料特性（或材料坐标系 O_{123}）无法在模型求解前预先指定；而只能在计算中，对每一点进行温度梯度的方向实时获取与更新、并建立各自的材料坐标系，继而通过坐标转换的办

法，把材料坐标系中的冻胀变形张量 $\varepsilon_{0,123}$ 及刚度矩阵 D_{123} 变换到整体坐标系 O_{xyz} 中的 $\varepsilon_{0,xyz}$、D_{xyz}。

经过整理可得冻土冻胀量和整体刚度矩阵在整体坐标系的表达式为

$$
\begin{bmatrix}
\varepsilon_{0,xx} \\
\varepsilon_{0,yy} \\
\varepsilon_{0,zz} \\
\varepsilon_{0,yz} \\
\varepsilon_{0,zx} \\
\varepsilon_{0,xy}
\end{bmatrix}
= (\theta_w + \theta_i - n_0)
\begin{bmatrix}
m^2\xi + n^2\frac{1}{2}(1-\xi) \\
n^2\xi + m^2\frac{1}{2}(1-\xi) \\
\frac{1}{2}(1-\xi) \\
0 \\
0 \\
mn\left[\xi - \frac{1}{2}(1-\xi)\right]
\end{bmatrix}
\tag{4.23}
$$

$$
D_{xyz} =
\begin{bmatrix}
D_{11} & D_{12} & D_{13} & 0 & 0 & D_{16} \\
 & D_{22} & D_{23} & 0 & 0 & D_{26} \\
 & & D_{33} & 0 & 0 & D_{36} \\
 & & & D_{44} & 0 & 0 \\
 & \text{sym} & & & D_{55} & 0 \\
 & & & & & D_{66}
\end{bmatrix}
\tag{4.24}
$$

其中

$$D_{11} = m^4 d_{11} + 2m^2 n^2 d_{12} + n^4 d_{22} + m^2 n^2 d_{44}$$

$$D_{12} = D_{21} = m^2 n^2 d_{11} + (m^4 + n^4) d_{12} + m^2 n^2 d_{22} - m^2 n^2 d_{44}$$

$$D_{13} = D_{31} = m^2 d_{13} + n^2 d_{23}$$

$$D_{16} = D_{61} = 2m^3 n d_{11} - 2(m^3 n - mn^3) d_{12} - 2mn^3 d_{22} - mn(m^2 - n^2) d_{44}$$

$$D_{22} = n^4 d_{11} + 2m^2 n^2 d_{12} + m^4 d_{22} + m^2 n^2 d_{44}$$

$$D_{23} = D_{32} = m^2 d_{23} + n^2 d_{13}$$

$$D_{26} = D_{62} = 2mn^3 d_{11} + 2(m^3 n - mn^3) d_{12} - 2m^3 n d_{22} + mn(m^2 - n^2) d_{44}$$

$$D_{33} = d_{33}$$

$$D_{36} = D_{63} = 2mn d_{13} - 2mn d_{23}$$

$$D_{44} = m^2 d_{55} + n^2 d_{66} = d_{55}$$

$$D_{45} = D_{54} = -mn d_{55} + mn d_{66} = 0$$

$$D_{55} = n^2 d_{55} + m^2 d_{66} = d_{55}$$

$$D_{66} = 4m^2 n^2 d_{11} - 8m^2 n^2 d_{12} + 4m^2 n^2 d_{22} + (m^2 - n^2)^2 d_{44}$$

4.2.3.2 冻土力学参数

以冻土为例，根据横观各向同性的材料分布特性，可将问题分解为串联力学模型和并联力学模型。串联模型适用于分析当材料受到垂直于冰透镜体向作用力时材料的力学性能，而并联模型则适用于分析当材料受到平行与冰透镜体向作用力时材料的力学性能。为了便于变量描述，仍然按之前章节的材料坐标系方向规定，令 1 方向为垂直于冰透镜体方向，2、3 方向为平行于冰透镜方向，服从右手法则，如图 4.12 所示。

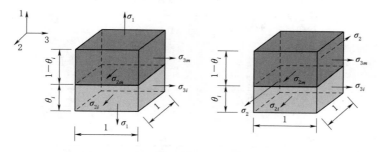

图 4.12 横观各向同性材料力学指标计算

下文假定土体骨架（由土颗粒、土壤水、空气组成的统一体）与冰透镜体都可视为片状材料，对串联和并联模型进行详细推导。

1. 串联模型

当在垂直于冰透镜体方向承受应力 σ_1 时，在 1 方向上，由力平衡条件可知，冰透镜体 σ_{1i} 与土体骨架应力 σ_{1m} 均等于 σ_1。由横观各向同性体的对称性，冰透镜体在 2、3 两个方向上所受约束力相等，即 $\sigma_{2i}=\sigma_{3i}=\sigma_i$；同理对于土体骨架，有 $\sigma_{2m}=\sigma_{3m}=\sigma_m$。且令冰透镜体的体积分数为 θ_i，则土体骨架体积分数为 $1-\theta_i$，由力平衡条件和应变协调条件求出 σ_i 和 σ_m，继而采用弹性力学办法计算各方向的应变以及弹性模量常数。

由同性面性质

$$\sigma_{2m}=\sigma_{3m}=\sigma_m \tag{4.25}$$

$$\sigma_{2i}=\sigma_{3i}=\sigma_i \tag{4.26}$$

由静力平衡条件

$$\sigma_m（1-\theta_i）+\sigma_i\theta_i=0 \tag{4.27}$$

由应变协调条件

$$\varepsilon_2（或\ \varepsilon_3）=\frac{1}{E_i}（\sigma_i-\nu_i\sigma_i-\nu_i\sigma_1）=\frac{1}{E_m}（\sigma_m-\nu_m\sigma_m-\nu_m\sigma_1） \tag{4.28}$$

由材料力学基本性质

$$\varepsilon_1=\frac{1}{E_i}（\sigma_1-2\nu_i\sigma_i）\theta_i+\frac{1}{E_m}（1-\theta_i）（\sigma_1-2\nu_m\sigma_m） \tag{4.29}$$

上述未知变量为 σ_i 和 σ_m，因此联立式（4-27）与式（4-29）即可求解。各变量求解结果为

$$\sigma_m=\frac{\left(\nu_m-\nu_i\dfrac{E_m}{E_i}\right)\sigma_1}{1-\nu_m+（1-\nu_i）\dfrac{E_m（1-\theta_i）}{E_i\theta_i}} \tag{4.30}$$

$$\sigma_i=-\frac{\sigma_m（1-\theta_i）}{\theta_i}=-\frac{1-\theta_i}{\theta_i}\frac{\left(\nu_m-\nu_i\dfrac{E_m}{E_i}\right)\sigma_1}{1-\nu_m+（1-\nu_i）\dfrac{E_m（1-\theta_i）}{E_i\theta_i}} \tag{4.31}$$

$$\varepsilon_2 \text{ (或 } \varepsilon_3 \text{)} = \frac{-\sigma_1}{E_i}\left[\frac{(1-\nu_m)\ \nu_i+\nu_m\ (1-\nu_i)\ \dfrac{1-\theta_i}{\theta_i}}{(1-\nu_m)\ +\ (1-\nu_i)\ \dfrac{1-\theta_i}{\theta_i}\dfrac{E_m}{E_i}}\right] \tag{4.32}$$

$$\varepsilon_1=\frac{\sigma_1}{E_m}\ (1-\theta_i+\frac{E_m}{E_i}\theta_i)\ -\frac{2\ (1-\theta_i)\ \left(\nu_m-\nu_i\dfrac{E_m}{E_i}\right)^2}{1-\nu_m+\ (1-\nu_i)\ \dfrac{E_m\ (1-\theta_i)}{E_i\theta_i}} \tag{4.33}$$

$$E_1=\frac{\sigma_1}{\varepsilon_1}=\frac{E_m}{1-\theta_i+\dfrac{E_m}{E_i}\theta_i-\dfrac{2\ (1-\theta_i)\ \left(\nu_m-\nu_i\dfrac{E_m}{E_i}\right)^2}{1-\nu_m+\dfrac{E_m}{E_i}\ (1-\nu_i)\ \dfrac{1-\theta_i}{\theta_i}}} \tag{4.34}$$

$$\nu_{12}(=\nu_{13})=-\frac{\varepsilon_3}{\varepsilon_1}$$

$$=\frac{\left[\nu_i(1-\nu_m)+\nu_m(1-\nu_i)\dfrac{1-\theta_i}{\theta_i}\right]\dfrac{E_m}{E_i}}{\left[(1-\theta_i)+\dfrac{E_m\theta_i}{E_i}\right]\left[1-\nu_m+(1-\nu_i)\dfrac{E_m(1-\theta_i)}{E_i\theta_i}\right]-2(1-\theta_i)\left[\nu_m-\nu_i\dfrac{E_m}{E_i}\right]^2}$$

$$\tag{4.35}$$

2. 并联模型

与串联基本手段一致，假定在 2 方向施加应力 σ_2 作用时，冰透镜体在 1、3 方向产生的约束应力为 σ_{1i}、σ_{3i}；同理对于土体骨架 1、3 方向的约束应力为 σ_{1m}、σ_{2m}。

由静力平衡条件

$$\sigma_{2i}\theta_i+\sigma_{2m}\ (1-\theta_i)\ =\sigma_2 \tag{4.36}$$

$$\sigma_{3i}\theta_i+\sigma_{3m}\ (1-\theta_i)\ =0 \tag{4.37}$$

由应变协调条件

$$\varepsilon_2=\frac{\sigma_{2i}}{E_i}-\frac{\nu_i\sigma_{3i}}{E_i}=\frac{\sigma_{2m}}{E_m}-\frac{\nu_m\sigma_{3m}}{E_m} \tag{4.38}$$

$$\varepsilon_3=\frac{\sigma_{3i}}{E_i}-\frac{\nu_i\sigma_{2i}}{E_i}=\frac{\sigma_{3m}}{E_m}-\frac{\nu_m\sigma_{2m}}{E_m} \tag{4.39}$$

1 方向上的应变为

$$\varepsilon_1=-\frac{\nu_i\theta_i\ (\sigma_{2i}+\sigma_{3i})}{E_i}-\frac{\nu_m\ (1-\theta_i)\ (\sigma_{2m}+\sigma_{3m})}{E_m} \tag{4.40}$$

上述未知变量为 σ_{2i}、σ_{3i} 和 σ_{2m}、σ_{3m}，需联立式（4.52）～式（4.55）进行求解。各变量求解结果为

$$\sigma_{2i}=\frac{\sigma_2}{\theta_i}\left\{1-\frac{E_m\ (1-\theta_i)}{E_i\theta_i}\frac{1+\dfrac{E_m\ (1-\theta_i)}{E_i\theta_i}-\nu_i\left[\nu_m+\nu_i\dfrac{E_m\ (1-\theta_i)}{E_i\theta_i}\right]}{\left[1+\dfrac{E_m\ (1-\theta_i)}{E_i\theta_i}\right]^2-\left[\nu_m+\nu_i\dfrac{E_m\ (1-\theta_i)}{E_i\theta_i}\right]^2}\right\} \tag{4.41}$$

$$\sigma_{2m} = \frac{\sigma_2 - \sigma_{2i}\theta_i}{1 - \theta_i} \tag{4.42}$$

$$\sigma_{3i} = -\sigma_2 \frac{1-\theta_i}{\theta_i{}^2} \frac{E_m}{E_i} \frac{\nu_m - \nu_i}{\left[1 + \frac{E_m(1-\theta_i)}{E_i\theta_i}\right]^2 - \left[\nu_m + \nu_i \frac{E_m(1-\theta_i)}{E_i\theta_i}\right]^2} \tag{4.43}$$

$$\sigma_{3m} = -\sigma_{3i} \frac{\theta_i}{1-\theta_i} = \frac{\sigma_2}{\theta_i} \frac{E_m}{E_i} \frac{\nu_m - \nu_i}{\left[1 + \frac{E_m(1-\theta_i)}{E_i\theta_i}\right]^2 - \left[\nu_m + \nu_i \frac{E_m(1-\theta_i)}{E_i\theta_i}\right]^2} \tag{4.44}$$

$$\varepsilon_1 = -\frac{\sigma_2}{E_i\theta_i} \left\{ \nu_i\theta_i + \frac{(1-\theta_i)(\nu_m - \nu_i\frac{E_m}{E_i})(1-\nu_i)\left[1+\nu_m+(1+\nu_i)\frac{E_m(1-\theta_i)}{E_i\theta_i}\right]}{\left[1 + \frac{E_m(1-\theta_i)}{E_i\theta_i}\right]^2 - \left[\nu_m + \nu_i \frac{E_m(1-\theta_i)}{E_i\theta_i}\right]^2} \right\} \tag{4.45}$$

$$\varepsilon_2 = \frac{\sigma_2}{E_i\theta_i} \left\{ \frac{1-\nu_m^2 + (1-\nu_i^2)\frac{E_m(1-\theta_i)}{E_i\theta_i}}{\left[1 + \frac{E_m(1-\theta_i)}{E_i\theta_i}\right]^2 - \left[\mu_m + \nu_i \frac{E_m(1-\theta_i)}{E_i\theta_i}\right]^2} \right\} \tag{4.46}$$

$$\varepsilon_3 = \frac{\sigma_2}{E_i\theta_i} \left\{ \frac{-\nu_m \frac{E_m(1-\theta_i)}{E_i\theta_i} - \nu_i\left[1-\nu_m - \nu_i \frac{E_m(1-\theta_i)}{E_i\theta_i}\right]}{\left[1 + \frac{E_m(1-\theta_i)}{E_i\theta_i}\right]^2 - \left[\nu_m + \nu_i \frac{E_m(1-\theta_i)}{E_i\theta_i}\right]^2} \right\} \tag{4.47}$$

$$\nu_{21} = -\frac{\varepsilon_1}{\varepsilon_2} = [\nu_i\theta_i + \nu_m(1-\theta_i)] + \frac{(\nu_m - \nu_i)\theta_i(1-\theta_i)\left[\nu_m(1+\nu_m) - \nu_i(1+\nu_i)\frac{E_m}{E_i}\right]}{(1-\nu_m^2)\theta_i + (1-\nu_i^2)(1-\theta_i)\frac{E_m}{E_i}} \tag{4.48}$$

$$\nu_{23} = -\frac{\varepsilon_3}{\varepsilon_2} = \nu_i + \frac{(\nu_m - \nu_i)(1-\nu_i^2)\frac{E_m}{E_i}(1-\theta_i)}{(1-\nu_m^2)\theta_i + (1-\nu_i^2)(1-\theta_i)\frac{E_m}{E_i}} \tag{4.49}$$

$$E_2 = \frac{\sigma_2}{\varepsilon_2} = [E_i\theta_i + E_m(1-\theta_i)] + \frac{(\nu_m - \nu_i)^2 E_m E_i\theta_i(1-\theta_i)}{(1-\nu_m^2)E_i\theta_i + (1-\nu_i^2)E_m(1-\theta_i)} \tag{4.50}$$

3. 剪切刚度

由于假定冰透镜体与土冻结时二者理想黏结，保证在剪力作用下，冰透镜体与土层不会因为剪力作用而产生相互剥离，即冰透镜体剪应变与土料骨架剪应变均等于整体等效总应变。由静力平衡条件和材料力学基本方程为

$$\tau_{12} = \tau_i\theta_i + \tau_m\theta_m \tag{4.51}$$

$$\tau_{12} = G_{12}\gamma_{12}, \quad \tau_i = G_i\gamma_i, \quad \tau_m = G_m\gamma_m \tag{4.52}$$

式中：τ_{12}、γ_{12}、G_{12} 分别为 1-2 面内特征单元体的剪应力（MPa）、剪应变（m/m）以及等效剪切刚度（MPa）。

将 $\gamma_i = \gamma_m = \gamma_{12}$ 代入式（4.51）和式（4.50），容易得到

$$G_{12} = G_i \theta_i + G_m \ (1-\theta_i) \tag{4.53}$$

4.2.3.3 理想塑性模型

塑性应变表达式为

$$\{\Delta \varepsilon^p\} = \lambda_p \frac{\partial Q}{\partial \{\sigma\}} \tag{4.54}$$

式中：λ_p 为塑性乘子；Q 为塑性势函数，满足相关联流动法则，公式为

$$Q_p = F \ [\ (\sigma_{22}-\sigma_{33})^2 + (\sigma_{11}-\sigma_{22})^2\ ] + G \ (\sigma_{33}-\sigma_{11})^2 + 2L \ (\sigma_{23}^2 + \sigma_{12}^2) + 2M\sigma_{31}^2 - 1$$

$$F = \frac{1}{2}\frac{1}{\sigma_{ys2}^2}, \ G = \frac{1}{\sigma_{ys1}^2} - \frac{1}{2}\frac{1}{\sigma_{ys2}^2}, \ L = \frac{1}{2}\frac{1}{\tau_{ys12}^2}, \ M = \frac{1}{2}\frac{1}{\tau_{ys31}^2} \tag{4.55}$$

式中：σ_{ys1} 为平行于冰透镜体方向的无侧限单轴压缩强度，MPa；σ_{ys2} 为垂直于冰透镜体方向的无侧限单轴压缩强度，MPa；τ_{ys12} 为冰透镜体与土体产生剥离的极限剪应力，MPa，用冻土的冻结强度近似表示；τ_{ys31} 为平行于冰透镜体平面（同性面）内的剪切强度，MPa，用各向同性的冻土抗剪强度近似表示。

4.2.4 渠道衬砌–冻土相互作用接触模型

弹性薄层模型即将结构间的接触层处理为具有一定刚度的法向和切向弹簧单元（图4.13），根据相互接触结构间的相对位移来计算两者间的接触反力，并根据反力调整结构间相对位移，模型表达式为

$$\sigma_n = -k_{An}(u_{nl} - u_{ns}) \tag{4.56}$$

$$\sigma_t = -k_{At}(u_{tl} - u_{ts}) \tag{4.57}$$

式中：σ 为弹性薄层反力，下角 n、t 分别表示法向和切向方向，kN/m²；u_{nl}、u_{tl} 为衬砌法向和切向位移，m；u_{ns}、u_{ts} 为土体法向和切向位移，m；k_{An}、k_{At} 为薄层单元法向和切向刚度，kN/（m²·m）。为了满足双膜层的接触性质，需要对弹性薄层法向和切向刚度进行修正，采用如下表达式。

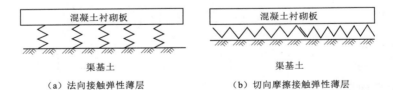

（a）法向接触弹性薄层　　　　　　（b）切向摩擦接触弹性薄层

图4.13 弹性薄层单元

$$\sigma_n = \begin{cases} -E_s \ (u_{nl}-u_{ns}) & u_{nl}-u_{ns} < 0 \\ 0 & u_{nl}-u_{ns} \geq 0 \end{cases} \tag{4.58}$$

$$\sigma_t = \begin{cases} -k'_{At} (u_{tl}-u_{ts}) & \sigma_t \leq \sigma_{t\max} \\ -f\sigma_n \dfrac{(u_{tl}-u_{ts})}{|u_{tl}-u_{ts}|+\varepsilon} & \sigma_t > \sigma_{t\max} \end{cases} \tag{4.59}$$

式中：k'_{At} 为无滑动状态下的剪切刚度，提供双膜间静摩擦力；$\sigma_{t\max}$ 为最大静摩擦力，MPa；f 为滑动状态下的动摩擦系数；ε 为大于 0 的极小数。

至此，考虑水-热-力耦合的横观各向同性冻土冻胀模型已推导完毕。联立上述方程，采用 COMSOL 多物理场耦合软件进行解耦计算。

4.2.5 模型验证

4.2.5.1 渠道概况及有限元模型

李安国曾对大 U 形混凝土渠道进行冻胀原型观测。试验段位于中国陕西宝鸡市冯家山灌区，地处千河东岸黄土阶地。试验渠道东偏北、西偏南走向，阴阳坡分明，设计流量为 $58\text{m}^3/\text{s}$。渠深为 5.1m，渠口宽为 7.1m，渠底圆弧半径为 3.2m，侧墙倾角为 10°。渠道采用喷射混凝土衬砌，厚度为 10cm。渠槽内对称布设 $N_1 \sim S_1$ 测点 11 个，可对测点冻深和冻胀量进行观测。渠道断面与测点布置如图 4.14（a）所示。

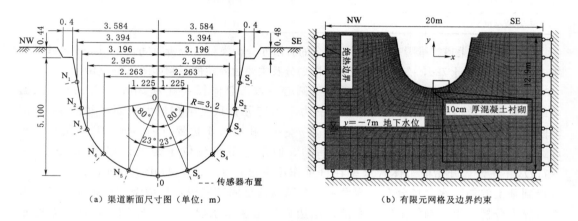

（a）渠道断面尺寸图（单位：m）　（b）有限元网格及边界约束

图 4.14　渠道断面与测点布置

观测段土质属粉质黏土，砂粒含量为 6.8%～12.8%，粉粒含量为 55.2%～62.6%，黏粒含量为 27.0%～38.0%，属于强冻胀敏感性土。土的比重为 2.71，流限为 29.2%～31.6%，塑限为 17.7%～19.0%。土的黏聚力为 11～68kPa，内摩擦角为 24.5°～31.5°。其他土性参数见表 4.11。混凝土计算基本材料参数：密度 $\rho_c = 2300$，导热系数 $\lambda_c = 1.8\text{W}/(\text{m} \cdot \text{K})$，体积比热 $C_c = 2 \times 10^6 \text{J} \cdot \text{m}^3/\text{K}$，弹性模量 $E_c = 25\text{GPa}$，泊松比 $\nu_c = 0.33$。

对横观各向同性冻土弹塑性本构模型，平行冰透镜体方向的抗压强度取 $\sigma_{ys1} = 0.2877|T| + 0.5$，垂直于冰透镜体方向的抗压强度取 $\sigma_{ys2} = 0.2549|T| + 0.5$，冻结强度取 $\tau_{ys12} = 0.18|T| + 0.10$，剪切强度取 $\tau_{ys31} = 0.425|T| + 0.10$；强度单位均为 MPa，温度单位为℃，且当温度 $T > 0$℃时，取各强度的常数项。而各向同性冻土塑性本构，取抗压强度 $\sigma_{ys0} = \sigma_{ys2}$，抗剪强度为 $\tau_{ys0} = \tau_{ys31}$。

试验段渠道两岸设有四排孔径 8cm、孔深 1.5～4m 的注水孔，对渠基土进行为时 2个月的注水浸泡，直至渠道发生冻结前。观测到注水后渠底以下 3.5～4.0m 基土基本为饱和状态。试验观测从 11 月 14 日起至次年 3 月 28 日日平均气温高于 0℃时结束，共观测

134d；冻深及冻胀量最大值发生在次年的 1 月 24 日。

表 4.11 土 性 参 数

参 数	取值	参 数	取值
$\rho_s/(\text{kg/m}^3)$	2700	$L_f/(\text{kJ/kg})$	334
$\rho_w/(\text{kg/m}^3)$	1000	$\theta_s(1)$	0.41
$\rho_i/(\text{kg/m}^3)$	931	$\theta_r(1)$	0.03
$C_p/(\text{J}\cdot\text{m}^3/\text{K})$	3.09×10^6	$\alpha(\text{m}^{-1})$	0.21
$C_w/(\text{J}\cdot\text{m}^3/\text{K})$	4.22×10^6	$m(1)$	0.22
$C_i/(\text{J}\cdot\text{m}^3/\text{K})$	1.935×10^6	$k_s/(\text{m/s})$	3×10^{-6}
$\lambda_p/[\text{W/(m}\cdot\text{K})]$	1.85	E_m/MPa	10.2
$\lambda_w/[\text{W/(m}\cdot\text{K})]$	0.552	$v_m(1)$	0.44
$\lambda_i/[\text{W/(m}\cdot\text{K})]$	2.22	E_i/MPa	5×10^3
$\lambda_a/[\text{W/(m}\cdot\text{K})]$	0.0243	$v_i(1)$	0.33

建立试验段渠道二维瞬态水-热-力耦合的有限元分析模型，分析时间自 11 月 14 日起至次年 1 月 24 日，共计 72d，有限元模型的网格划分及主要边界条件控制如图 4.14（b）所示。

模型的整体坐标系圆心与渠道的底弧圆心一致，总体长×宽为 20m×13.38m。依据圣维南原理和数值分析经验，渠道水-热-力不均匀分布只发生在最大断面尺寸的 1～2 倍范围内，于是令模型左右边界绝热（$\partial T/\partial n=0$）和不透水边界（$\partial h/\partial n=0$），左右及底部边界设为定向铰支座约束（$\partial u/\partial n=0$）。假定地下水位位于距渠底以下 3.2m（$y=-7\text{m}$），并在计算开始前土体含水率在自重作用下已达到平衡，故由 Richard 方程稳态求解得到基土的初始水分场分布。假设基土在试验前已固结完毕，故模型的初始应力场可由重力静力分析求得。初始土温、底部恒温边界均与注水水温一致，取 13℃，环境温度则由试验段的三组日平均温度观测结果，并通过三角函数近似描述

$$T_{\text{amb}}=9.584+17.46\sin\left[\frac{2\pi}{365}(t-26.5)-\frac{\pi}{2}\right] \tag{4.60}$$

式中：T_{amb} 为模型上表面日平均环境温度，℃；t 为 1 月 1 日为周期开始的天数，d。结合观测的日期，换算得到观测试验开始时 $t=318\text{d}$，冻深及冻胀量达到最大值时 $t=389\text{d}$。

受太阳热辐射及当地冬季风向影响，渠道试验段表现出明显的阴阳坡特征。为了消除这两方面对水-热-力三场的影响，采用先三场耦合模型反演计算出上表面与大气对流换热系数 h_c 的空间分布，以 $t=389\text{d}$ 的观测冻深为目标进行反演分析。反演得到各测点的对流换热系数 [单位：$\text{W/(m}^2\cdot\text{K})$] 分别为 $h_{cN_1}=0.45$，$h_{cN_2}=0.30$，$h_{cN_3}=0.60$，$h_{cN_4}=1.10$，$h_{cN_5}=1.40$，$h_{c0}=1.85$，$h_{cS_5}=1.50$，$h_{cS_4}=1.60$，$h_{cS_3}=1.28$，$h_{cS_2}=0.95$，$h_{cS_1}=1.45$；渠道北岸和南岸基土与大气的对流换热系数分别取 $h_{cNW}=0.55$，$h_{cSE}=0.99$。反演结果如图 4.15 所示，冻深数值计算结果与观测结果基本吻合，绝对误差为 $-3.38\sim2.63\text{cm}$。

4.2.5.2 结果分析

1. 冻胀量与法向冻胀力断面分布规律

分别采用冻土的各向同性模型和横观各向同性模型进行分析求解，$t=389\text{d}$ 时的衬砌

法向冻胀量数值计算结果和测点的误差分析分别如图 4.16（a）和图 4.17 所示。从数值结果可知，考虑横观各向同性的衬砌冻胀变形分布规律基本与实测基本一致。整体上，衬砌法向冻胀量随冻深增大而增大，阴坡坡板的冻胀量大于阳坡坡板；因衬砌板表面和渠岸基土表面的双向冻结作用且衬砌约束较小，渠顶发生最大冻胀变位。渠底因冻深和水分补给的影响，发生相对明显的冻胀变形，0 测点处法向冻胀变形为 8.90mm，与实测 8.32mm 的绝对误差仅为 0.58mm。而沿衬砌周长方向衬砌底法向冻胀力（拉为正，压为负）与实测值基本吻合，如图 4.16（b）所示；且 0

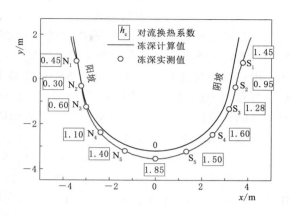

图 4.15　衬砌表面对流换热系数反演和 $t=389d$ 冻深结果对比［单位：W/（m² · K）］

测点计算得到的法向冻胀力为 −104kPa，与实测值 −129kPa 的绝对误差仅为 5kPa。

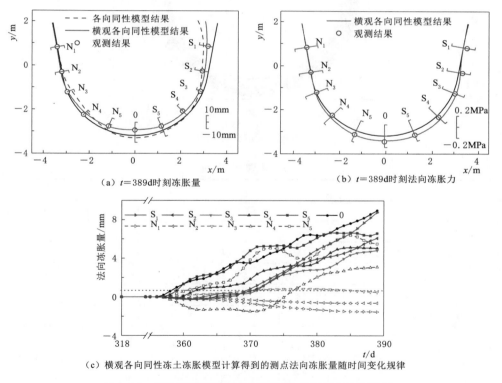

（a）$t=389d$ 时刻冻胀量

（b）$t=389d$ 时刻法向冻胀力

（c）横观各向同性冻土冻胀模型计算得到的测点法向冻胀量随时间变化规律

图 4.16　衬砌表面冻胀量与衬砌底法向冻胀力计算结果

反观考虑各向同性的冻胀分析结果，测点冻胀变形与冻深呈非正相关关系。整体表现为 U 形衬砌受对称挤压而使渠底向基土变形，渠底的冻胀量向渠坡迁移。渠底 0 测点处的法向冻胀量为 −3.24mm，与实测 8.32mm 的绝对误差为 −11.56mm。由于各向同性模型的冻胀量计算结果与实际相差较大，下文不再对其应力规律展开分析。

2. 测点冻胀量随时间变化规律

横观各向冻土冻胀模型计算得到的各测点法向冻胀量随时间变化规律，如图 4.16（c）所示。由图可见，法向冻胀量随时间变化基本为正值（指向渠槽），且受冻深影响显著。但渠坡受断面非对称冻胀量的影响，整体上由阴坡向阳坡倾移。由于阳坡的冻结滞后，测点 N_4 在冻结的开始时刻（$t=357\sim373d$）表现出明显地向基土下嵌。之后，随着整体冻结深度的增长，渠底（$N_5\sim S_2$）受两侧坡板不均匀冻胀的作用呈阶梯式增长。

3. 基土等效塑性应变分布规律

最大冻深时刻 $t=389d$，横观各向冻土冻胀模型计算得到的等效塑性应变分布如图 4.17 所示。由图可见，70cm 深范围内基土受衬砌的约束作用有不同程度的屈服；等效塑性应变主要发生在 $N_3\sim S_2$ 测点范围内，且测点 S_5 出现最大的塑性变形，其值为 0.019（表 4.12）。

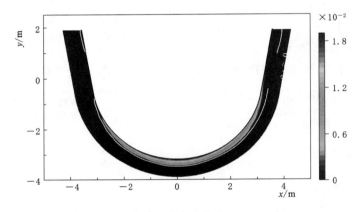

图 4.17 等效塑性应变分布（$t=389d$）

表 4.12　　　　　　　　　　　　　　冻 胀 量 误 差 分 析

测点	T-ISOM/mm	ISOM/mm	观测值/mm	绝对误差/mm	
				T-ISOM	ISOM
N_1	−1.00	−0.01	−0.28	−0.72	0.27
N_2	−1.47	1.17	−0.10	−1.37	1.27
N_3	1.01	6.62	−0.11	1.12	6.73
N_4	4.50	7.60	1.10	3.40	6.50
N_5	6.13	0.86	6.56	−0.43	−5.70
0	8.90	−3.24	8.32	0.58	−11.56
S_5	6.75	−2.21	6.63	0.12	−8.84
S_4	5.93	−0.31	8.78	−2.85	−9.09
S_3	5.26	5.04	3.47	1.79	1.57
S_2	5.32	9.36	8.73	−3.41	0.63
S_1	8.94	13.98	7.11	1.83	6.87

注　T-ISOM 和 ISOM 分别为横观各向同性冻胀模型和各向同性冻胀模型计算结果。

4.3 衬砌渠道冻胀破坏的尺寸效应规律

为研究"三深"对渠道冻胀破坏形式的综合影响，以寒区工程中最常用的弧底梯形衬砌渠道为例，基于上节数值模型，运用多场耦合软件 COMSOLMultiphysics 对不同冻深、不同渠深及不同地下水埋深的弧底梯形衬砌渠道冻胀过程进行数值模拟，着重分析其应力场和位移场，旨在探求不同尺寸关系下渠道衬砌拉应力极值位置，明晰不同尺寸关系下衬砌渠道冻胀破坏形式，从而为寒区渠道防冻胀设计提供参考。

4.3.1 基本理论

采用 4.2 节中建立的渠道水-热-力耦合冻胀数值模型，土体渗透系数采用如下方程修正，不考虑冻土的横观各向同性力学本构模型。

$$k = \begin{cases} k_0 [1-(T-T_0)]^\beta & T \leqslant T_0，y < \text{sep} \\ k_0 & T > T_0，y < \text{sep} \\ 0 & y \geqslant \text{sep} \end{cases} \quad (4.61)$$

式中：k 为土体渗透系数，m/s；k_0 为未冻土渗透系数，m/s；T_0 为土壤水冻结温度，℃；sep 为冰透镜体位置，m；β 为试验参数。

4.3.2 计算内容

4.3.2.1 有限元模型及参数选取

（1）计算网格及参数选取。根据恒温层深度，近似取渠顶以下 10m 作为恒温层，渠顶各向两边延伸 1.5m 作为模型左右边界，考虑工程施工要求及计算方便，对不同尺寸关系渠道的衬砌板厚度均近似取为 10cm，有限元网格如图 4.18 所示。

根据上述假设，取混凝土衬砌弹性模量为 2.4×10^4 MPa，未冻土弹性模量为 15MPa，选取具有代表性且冻胀敏感性强的兰州黄土作为基土，弹性模量随温度变化，取值见表 4.13。重点分析地下水埋深、冻深及渠道规模三者综合影响下渠道的冻胀破坏形式，结合实测资料和参考文献，其他材料物理力学参数取值见表 4.14。

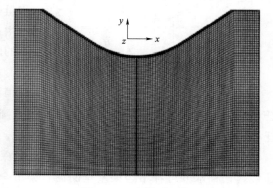

图 4.18 有限元网格

表 4.13　　兰州黄土弹性模量

温　度/℃	−1	−2	−3	−4
弹性模量/MPa	19	26	33	46

表 4.14　　　　　　　　　　　　　　材 料 计 算 参 数

材　料	导热系数/[W/(m・K)]	比热容/[kJ/(kg・K)]
混凝土	1.58	0.97
冰	2.2	2.1
土颗粒	1.5	0.92
水	0.6	4.2
空气	0.03	1.003

（2）边界条件。

温度边界条件：上边界采用对流热通量温度边界，热通量传导方程采用牛顿冷却定律。表达如下：

$$n(\lambda \nabla T) = h_c(T_{ext} - T) \tag{4.62}$$

式中：n 为渠道上边界法向向量；T_{ext}、T 分别为环境温度和地表温度，℃；h_c 为对流换热系数，W/(m²・℃)。下边界恒温层取多年平均地温8℃，左、右边界为热绝缘边界。

位移边界条件：上边界为自由边界；左右边界水平位移为0；下边界竖向位移为0。

4.3.2.2　计算方案

由于地下水埋深、基土冻深和渠深三者共同影响渠道冻胀破坏，无法对其进行单变量分析。为此，基于毛细理论和基土冻深 Z_d、地下水埋深 Z_w、土层毛细水上升高度 H_{cap}、渠深 H、渠道圆弧段深度 h 之间的尺寸关系，将渠道冻胀合理地分为封闭系统、半开放系统和开放系统三种类型（图4.19）。

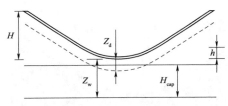

图 4.19　Z_d、Z_w、H_{cap}、H 和 h 关系

类型Ⅰ：$Z_d + H_{cap} < Z_w$，地下水埋深较深，水分不能通过毛细作用向冻结锋面迁移，水分迁移量很少且迁移速度缓慢，渠基土以原位水冻结为主，冻胀量较小，此时为封闭系统下渠道正冻土的水分迁移，即渠道冻胀封闭系统。

类型Ⅱ：$Z_w < Z_d + H_{cap} < Z_w + h$，地下水埋深稍浅，水分可以通过毛细作用不断向冻结锋面迁移，但仅能补给至渠道圆弧段以下，渠道圆弧段以下发生强烈冻胀，而渠坡基本无水分迁移，此时为弧底梯形渠道冻胀半开放系统。

类型Ⅲ：$Z_d + H_{cap} > Z_w + h$，地下水埋深浅，水分可以通过毛细作用不断向冻结锋面迁移，迁移水分可补给至渠基全断面，渠道全断面产生强烈冻胀，此时为弧底梯形渠道冻胀开放系统。

为了全面地反映地下水埋深、冻深及渠深综合影响下弧底梯形渠道冻胀破坏形式的异同，本书定义 α 为冻深与渠深的比值，1∶m 为渠道坡比，依据《渠道防渗工程技术规范》（GB/T 50600—2010），寒区混凝土衬砌渠道对大型渠道拟采用抗冻胀能力强的宽浅式断面，对农田小型渠道为了省地采用窄深式断面。因此，采取以下计算方案，即分封闭系统、半开放系统、开放系统三种类型，随着渠道规模不断增大即冻深与渠深比值不断减小，$\alpha = 1$、0.6、0.3、0.15；同时渠坡逐渐变缓，$m = 0.5$、1、1.5、2。以弧底梯形衬砌渠道为例进行冻胀数值模拟，共计 $3 \times 10 = 30$ 种组合方案，见表 4.15。

表 4.15　　　　　　　　　模 拟 组 合 方 案

α	边 坡 系 数 m			
	0.5	1	1.5	2
1	(1,0.5)	(1,1)		
0.6	(0.6,0.5)	(0.6,1)	(0.6,1.5)	
0.3		(0.3,1)	(0.3,1.5)	(0.3,2)
0.15			(0.15,1.5)	(0.15,2)

4.3.3　计算结果与分析

衬砌板的正应力计算结果如图 4.20~图 4.22 所示。

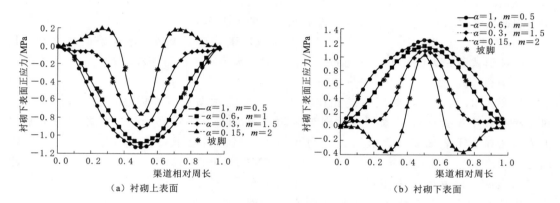

（a）衬砌上表面　　　　　　　　　（b）衬砌下表面

图 4.20　类型 Ⅰ 衬砌表面正应力分布

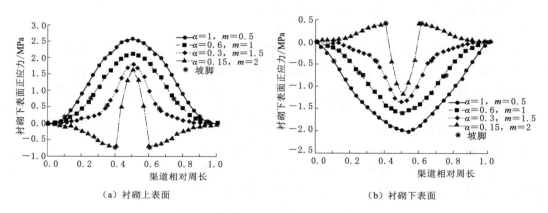

（a）衬砌上表面　　　　　　　　　（b）衬砌下表面

图 4.21　类型 Ⅱ 衬砌表面正应力分布

分析图 4.20 可知：对于封闭系统，小型和中型弧底梯形渠道在冻胀力作用下其衬砌全断面下表面受拉、上表面受压，最大拉应力和最大压应力均位于渠底中心处，应力极值

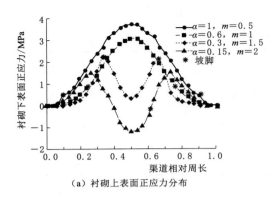
（a）衬砌上表面正应力分布

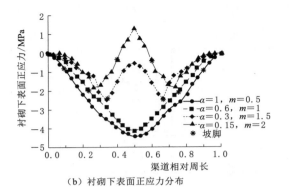
（b）衬砌下表面正应力分布

图4.22 类型Ⅲ衬砌表面正应力分布

依次为 1.31MPa、1.19MPa、1.17MPa，−1.18MPa、−1.16MPa、−0.91MPa，渠道呈整体抬升、渠坡向渠内收缩的冻胀形式；随着渠道规模逐渐增大，大型渠道不仅渠底衬砌下表面产生最大拉应力，而且在坡板下 2/3 处的上表面也出现次大拉应力，应力极值分别为 1.14MPa、0.25MPa。因此，对于封闭系统的弧底梯形渠道，不论渠道规模大小其冻胀破坏形式首先为渠底中心下表面拉裂，但对于大型渠道也可能在坡板下 2/3 上表面产生第二条裂缝。

从图4.21看出：与封闭系统相比，半封闭系统衬砌上下表面正应力值明显增大。对于小型和中型弧底梯形渠道，衬砌与封闭系统的应力性质完全相反，即衬砌全断面上表面受拉、下表面受压，最大拉应力和最大压应力均位于渠底中心处，应力极值依次为 2.62MPa、2.21MPa、1.72MPa，−2.05MPa、−1.73MPa、−1.35MPa，表明此时渠道渠底已由反拱变为正拱，冻胀破坏发生在渠底上表面；而大型渠道衬砌表面拉应力极值有两个，其最大值位于渠底中心上表面、次大值在坡脚下表面，应力极值分别为 1.53MPa、0.49MPa。因此，对于半封闭系统的弧底梯形渠道，不论渠道规模大小其冻胀破坏形式首先为渠底中心上表面拉裂，但对于大型渠道也可能在坡脚下表面拉裂。

由图4.22可得，对于冻胀开放系统，随着渠道规模及 α、m 的不同，渠道呈现不同的冻胀破坏形式。对于小型弧底梯形渠道，衬砌上表面受拉、下表面受压，最大拉应力和最大压应力均位于渠底中心处，渠道是由于渠底中心上表面的拉应力极值导致拉裂破坏，应力极值分别为 3.85MPa、3.21MPa，−4.21MPa、−4.01MPa；中型渠道是由于坡脚上表面的拉应力极值导致冻胀开裂，拉应力极值为 2.15MPa；大型渠道是由于渠底中心下表面和坡板下 2/3 上表面的拉应力极值导致冻胀开裂，其应力极值分别为 1.51MPa、1.62MPa。因此，对于开放系统的弧底梯形渠道，小型渠道冻胀破坏形式为渠底中心上表面拉裂；中型渠道为坡脚上表面拉裂；大型渠道为渠底中心下表面和坡板下 2/3 上表面拉裂。

综上所述，对地下水埋深、冻深及渠深三者综合影响下弧底梯形渠道的冻胀破坏形式可分类总结见表4.16。该研究揭示了渠道衬砌冻胀破坏的尺寸效应，对弧底梯形衬砌渠道抗冻胀设计及衬砌结构合理设缝具有指导意义和定量化参考。

表 4.16　　　　　　　　　　弧底梯形渠道冻胀破坏形式分类

冻胀类型	小　型	中　型	大　型
封闭系统	渠底中心下表面拉裂		渠底中心下表面和距渠顶 2/3 坡长上表面拉裂
半开放系统	渠底中心上表面拉裂		渠底中心上表面和坡脚下表面拉裂
开放系统	渠底中心上表面拉裂	坡脚上表面拉裂	渠底中心下表面和距渠顶 2/3 坡长上表面拉裂

4.4　衬砌渠道冻胀破坏的冻融循环、干湿交替动态机制

4.4.1　基本理论

4.4.1.1　渠道冻胀水-热-力耦合模型

采用 4.2 节渠道冻胀水-热-力耦合数值模型手段，不考虑冻土的横观各向同性力学本构模型，修正土体的各向同性弹塑性力学本构模型。

4.4.1.2　冻融土体弹塑性模型及破坏准则

本书基于刚冰假设，认为冰不可压缩，但土颗粒可以压缩，增长的冰对土的作用力取决于土的弹模，以此建立冰孔压表达式。

$$p_i = -K \left(\int_t \frac{\partial \theta_i}{\partial t} \mathrm{d}t - n \right) \tag{4.63}$$

虽然土体冰压力为孔隙压力，类似于孔隙水压力作用于土骨架，然而由于冰的黏结作用，同时组成土体骨架的一部分，参与土体的变形和应力。本书建立土体荷载响应的控制方程时，假设孔隙水压力为骨架外应力，孔隙冰压力为土体内应力，土体弹塑性变形控制方程如下。

$$\nabla(\sigma + p_w) + F = 0 \tag{4.64}$$

其应力应变关系采用切线模量模型表示为

$$\Delta\sigma = 2G_t \mathrm{dev}(\Delta\varepsilon_s) + (K_t \mathrm{trace}(\Delta\varepsilon_v) + p_i)I \tag{4.65}$$

$$G_t = \frac{E_t}{2(1+\nu)} \tag{4.66}$$

$$K_t = \frac{E_t}{3(1-2\nu)} \tag{4.67}$$

$$\Delta\varepsilon_s = \Delta\varepsilon_s^e - \Delta\varepsilon_s^p \tag{4.68}$$

$$\mathrm{d}\varepsilon_s^p = \mathrm{d}\lambda \frac{\partial Q}{\partial q} \tag{4.69}$$

式中：G_t 为土体切线剪切模量，Pa；K_t 为土体切线压缩模量，Pa；E_t 为切线弹模，Pa；ν 为泊松比；ε_v、ε_s 分别为土的体应变与广义剪应变，其中上标 e 和 p 分别代表弹性部分与塑性部分；Q 为土体塑性势函数，此处假设土体塑性变形主要由广义剪应变产生而忽略体应变产生的塑性变形；$\mathrm{d}\lambda$ 为塑性流动规则参数。

寒区渠道渠坡冻融滑塌过程主要发生剪切破坏，同时因不均匀冻融变形和渠顶滑弧受拉也可能发生拉伸破坏，存在着复杂的应力状态。而土体的剪切破坏一般认为符合莫尔-库仑强度理论，以剪切强度为准则。若存在拉应力破坏的情况下，原莫尔-库仑强度包线不再是直线，根据 Griffith 对岩石脆性破裂模型，采用双曲线对莫尔-库仑强度包线进行拟合，并以原强度包线的直线为渐近线，考虑拉伸与剪切破坏的渠基土强度准则如下：

$$\overline{\tau}^2 = \sin^2\varphi\left[(\overline{\sigma} + c\cot\varphi)^2 - (c\cot\varphi - \sigma_t)^2\right] \tag{4.70}$$

$$\overline{\tau} = \frac{\sigma_1 - \sigma_3}{2}; \quad \overline{\sigma} = \frac{\sigma_1 + \sigma_3}{2} \tag{4.71}$$

$$\overline{\sigma} = \frac{4\sigma_t}{\sqrt{1 + \tan\varphi^2} - \tan\varphi} \tag{4.72}$$

　　式 (4.65) 表示的曲线如图 4.23 所示，与 $(\sigma_1 + \sigma_3)/2$ 轴的截距为抗拉强度 σ_t，以莫尔-库仑的直线为渐近线；θ 为应力洛德角，表示中主应力与两个主应力间的相对比例，(°)；c 为土体黏聚力，kPa；φ 为土体内摩擦角，(°)。

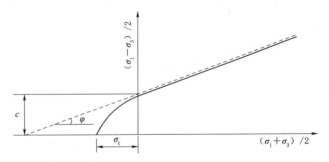

图 4.23　渠基土拉伸和剪切破坏包线

4.4.2　计算内容

　　选取北疆阿勒泰地区某供水渠道干渠为例，针对连续两年运行过程渠基的渗漏、冻胀-融沉变形及破坏过程进行数值仿真模拟。渠道位于白砂岩基础上，每年 4 月中旬至 10 月中旬供水运行，运行期间渠水通过衬砌及防渗膜向渠基入渗，10 月中旬开始逐渐停水检修，随之气温降低开始进入冻结期，至第二年 4 月初进入融化期。渠槽为弧底梯形断面，渠深为 5.5m，坡比为 1∶2，弧角半径为 7.1m。考虑结构对称性，建立如图 4.24 所示几何模型，并设置温度及水位边界条件。水位边界设置，计算初始时刻 (0d) 渠

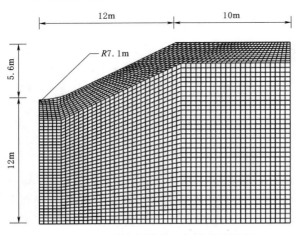

图 4.24　北疆输水渠道几何模型及网格

道开始通水，6d 后达到设计水位 5.5m，150d 后渠道开始停水，至第 160d 水位为 0m，停水直到 360d 后开始新的循环［图 4.25（a）］。温度边界，初始时刻（0d）为对应当地渠道开始行水时气温 10℃，180d 后气温降至 0℃，渠道进入冻结期；直到 330d 后气温开始回到正温，渠道进入融化期［图 4.25（b）］。不考虑渠道衬砌结构，采用温度-水分-冻融劣化耦合的链式模型，对渠基土经历的湿干冻融循环两个周期内的变形情况进行分析。

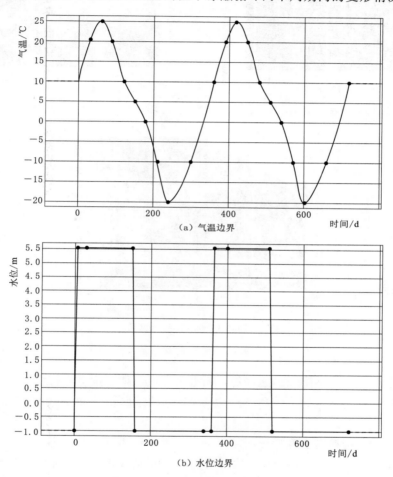

图 4.25　边界条件

4.4.3　计算结果与分析

4.4.3.1　行水-停水对渠道影响分析

计算初始时刻渠道开始行水，水位在一周后升至正常行水位，145d 后开始停水并在 155d 后渠道水完全排空，155d 时刻渠道水分场、温度场和变形场分布规律如图 4.26 所示。

经过一次行水，渠基土水位线以下接近饱和，在完全停水后渠基水外渗，渠基土饱和度降低，其中渠顶脱水最剧烈，基土水分聚集在渠基向外渗出，渠底含水量变化微小。渠

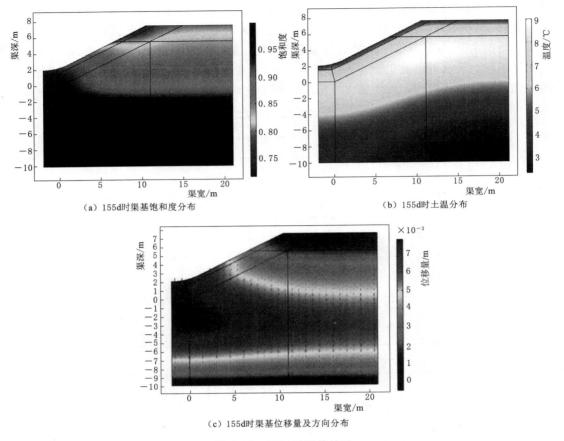

（a）155d时渠基饱和度分布

（b）155d时土温分布

（c）155d时渠基位移量及方向分布

图 4.26　155d 时计算结果

道表面土体温度因气温下降而迅速降低，而渠基深层土体温度下降较慢。在停水后由于渠顶脱水，渠底排水，在渗透力作用下产生 7.5mm 的渠底抬升和 1mm 左右的渠坡右向沉降变形。

4.4.3.2　停水-冻结期渠道变形分析

首次冻结期从 180～330d，冻深达到最大，土体含冰量最大，冻胀最为严重。此后基土开始逐渐消融。由图 4.27（a）至图 4.27（c）可以看出，0℃等温线以上的移动层内，基土未冻水含量急剧下降，由于渠顶含水量过小，冻结成冰后不足以造成土体冻胀变形，土体在自重及负基质吸力下固结沉降，最大沉降变形达 5cm。渠底含水量较高冻结过程中产生 2.5cm 的冻胀隆起变形。可见因停水造成的渠基水分分布差异，导致冻期不同位置冻胀变形量差异，甚至过小含水量部分产生固结沉降。

4.4.3.3　冻融对土体变形及破坏影响

经过一次冻融后到第二次行水前（360d），渠基土表层逐渐融化，含水量增多［图 4.28（a）］，而深层依然冻结，基土中间存有夹层冰，导致融化水分无法入渗而在自重作用下继续向渠底汇聚。在渠坡融沉量达到 9cm，在渗流作用下，渠坡上方土体向渠底滑动，渠底土体则继续隆起变形达到 4cm［图 4.28（c）］。因冻融作用导致土体强度降低，

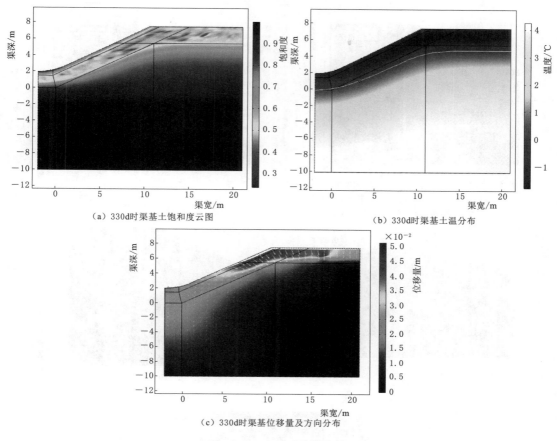

（a）330d时渠基土饱和度云图

（b）330d时渠基土温分布

（c）330d时渠基位移量及方向分布

图 4.27　330d 时计算结果

提取渠基塑性变形云图 4.28（d）可以看出，融沉过程中渠顶首先屈服进入塑性，即渠坡土体向下滑塌同时拉裂渠顶基土，这与实际破坏形式吻合［图 4.28（e）］。

4.4.3.4　湿干冻融循环对渠道变形及破坏的影响

渠道周期性湿干冻融循环过程中，渠道不同位置体积含水量、含冰量随时间变化结果如图 4.29（a）所示。可以看出，行水期，基土含水量较高，随着停水逐渐下降，而随之而来的冻结期则导致含水量降至最低。随着温度升高，基土含水量开始升高，行水期到来后，含水量升至最高点达到饱和。渠基土含水量由渠底向渠顶逐渐减少，且渠顶和渠堤含水量变化受渠道行水和停水影响较小，而是受冻融作用影响大。渠基土冻土活动层含冰率呈现逐年增加的趋势，渠底增长显著，由 0.75 增至 1.3；渠顶则仅由 0.05 增至 0.1。这是由于周期冻融过程，渠道底部水分不断向表层聚集，而越向渠顶，水分迁移难度越大。渠道不同位置总位移及塑性应变随时间变化结果如图 4.29（b）所示。可以看出，渠基土位移主要因冻胀产生，而融沉期位移恢复但仍有残余位移，且随着冻融循环次数的增加，渠道表面的位移变形逐渐增大，且分布不均匀。渠基土因冻融变形产生塑性屈服位移，从而产生不可恢复的残余位移，塑性位移的增加呈现台阶状，即在冻融阶段才会出现增加现象，说明冻融变形对土体劣化影响显著。

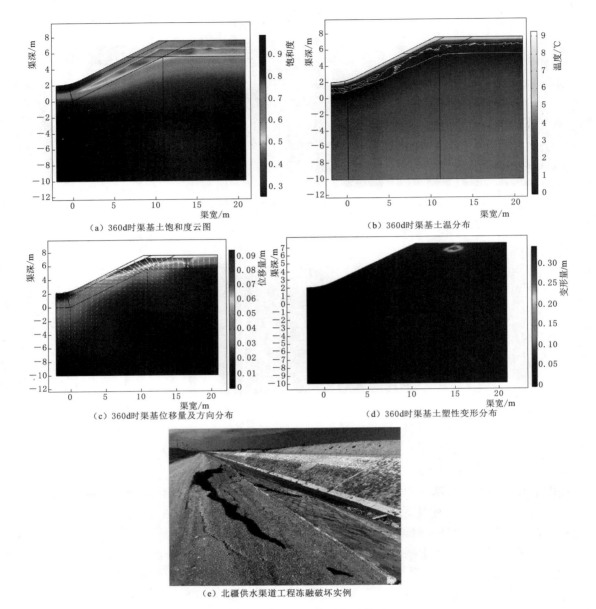

（a）360d时渠基土饱和度云图

（b）360d时渠基土温分布

（c）360d时渠基位移量及方向分布

（d）360d时渠基土塑性变形分布

（e）北疆供水渠道工程冻融破坏实例

图4.28　360d时计算及实测结果

经过两次冻融循环后（720d），渠基土整体变形云图如图4.30（a），渠顶沉降量由原先9cm恢复为5cm，而渠底隆起变形则由4cm增加至7cm，渠底隆起变形显著加大。其次两次冻融后土体进一步劣化，塑性应变增加两倍如图4.30（b）。根据塑性分析所示，渠坡表面土体开始大面积进入塑性屈服区域，在重力和渗透率作用下坡面破坏的土体可能向渠坡脚堆积。结合该渠道进行缩尺模型的离心试验，观测到渠基表层土体在湿干循环后因"子土块"的剥落而最终产生滑坡破坏。分析湿干冻融循环的共同作用，结果显示渠基土的破坏是由顶部土体的拉裂破坏、渠坡土体的剥蚀破坏以及渠底不可恢复的隆起变形共同引起的。这与

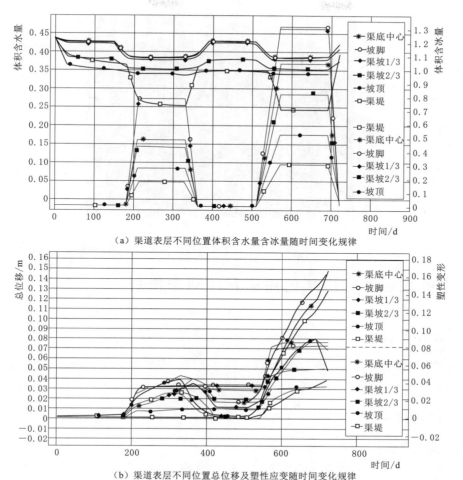

（a）渠道表层不同位置体积含水量含冰量随时间变化规律

（b）渠道表层不同位置总位移及塑性应变随时间变化规律

图 4.29　渠道湿干冻融循环计算结果

现场对实际渠道的破坏观测相符［图 4.30（c）］，本模型可以比较准确地模拟渠道渗漏、脱水、冻胀、融沉过程中渠道水、冰、热、变形、破坏等状态参量的实时变化。

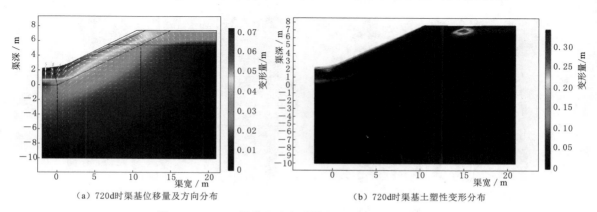

（a）720d时渠基位移量及方向分布　　　　（b）720d时渠基土塑性变形分布

图 4.30（一）　渠道湿干冻融循环破坏计算结果及现场

95

（c）北疆供水渠道多次湿干冻融循环破坏实例图

图 4.30（二）　渠道湿干冻融循环破坏计算结果及现场

4.5　衬砌渠道冻胀破坏的渗冻互馈动态机制

4.5.1　基本理论

采用 4.2 节渠道冻胀水-热-力耦合数值模型手段，不考虑冻土的横观各向同性力学本构模型，考虑土体的固结变形。

4.5.2　计算内容

4.5.2.1　渠道概况

宁夏引黄灌区某梯形冬季输水渠道位于银川市西侧，全长 19.984km。该地区属季节性冻土区，渠基土以粉质壤土为主，全年平均气温在 8℃左右。渠道在 10 月 23 日至 11 月 24 日进行冬灌输水，11 月 24 日停水直至次年 3 月 15 日。受当地工作环境影响，渠道两侧边坡衬砌板不同部位处出现了不同程度的裂缝，现场破坏情况如图 4.31 所示。渠道断面深度为 3.10m，渠坡坡比为 1∶1.5，坡长为 5.59m。渠道左右各设置一个混凝土护

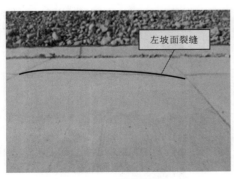

（a）阴坡面裂缝

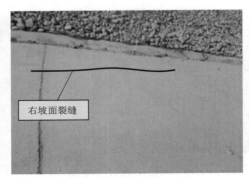

（b）阳坡面裂缝

图 4.31　现场破坏情况

脚，渠坡及护脚均采用 C25 现浇混凝土浇筑。护脚高 80cm、宽 60cm；渠坡板上部厚度为 30cm，底部厚度 40cm。渠坡顶部采用 C25 混凝土台帽压顶。左坡面自坡底向上 1.46m 铺设 30cm 厚砂砾石垫层，右侧坡面无基础处理。在渠道左侧混凝土护脚旁砌筑了具有透水性的格宾石笼，长和宽为 1.0m，高 50cm，渠底铺设厚度为 30cm 的卵砾石层。渠道断面布置如图 4.32 所示。

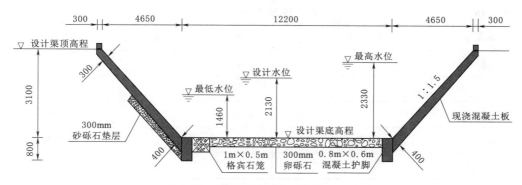

图 4.32　渠道断面布置（单位：mm）

4.5.2.2　有限元模型及参数选取

依据土体恒温层厚度研究结果，有限元模型从渠顶向下取 15m 作为恒温层。渠顶各向两侧延伸 4m 作为左右边界。根据现场实测资料，地下水位埋深较浅，距渠底 0.6m，渠基土初始含水量为 17.3%。有限元网格划分如图 4.33 所示。

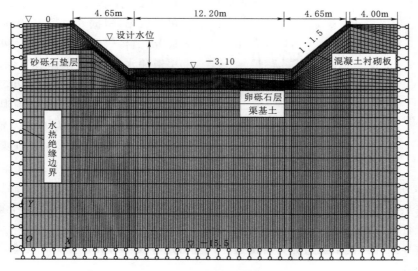

图 4.33　有限元网格划分

将混凝土看作各向同性材料，弹性模量取 2.8×10^4 MPa。未冻土弹性模量取 15MPa，根据前人研究表明，冻土弹性模量与温度有关，由于现场无实验数据，故取兰州景电工程中实验资料，参数取值见表 4.17。渠基土均为粉质壤土，土体孔隙为 0.40。根据上式可计算出融土及冻土的热物理参数，材料热物理参数见表 4.18。

表 4.17 冻土弹性模量及泊松比

温度/℃	0	−1	−2	−3	−5
弹性模量/MPa	15	19	26	33	46
泊松比	0.33	0.33	0.33	0.33	0.33

表 4.18 材 料 热 物 理 参 数 表

材料属性	导热系数/[W/(m·K)]	比热容/[kJ/(kg·K)]	密度/(kg/m³)
水	0.58	4.20	1000
冰	2.20	2.10	916
土颗粒	1.54	0.92	2700
混凝土	2.20	0.97	2400
砂砾石	2.2	0.91	1374

温度边界条件：模型上边界采用对流换热通量边界，其中热通量传导方程采用牛顿冷却定律。方程为

$$n(\lambda \nabla T) = h_c (T_{ext} - T) \tag{4.73}$$

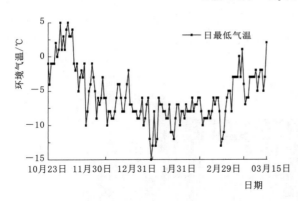

图 4.34 环境温度

式中：n 为模型上边界法向向量；T_{ext} 为环境温度，利用当地气象站获取 2019 年 10 月 23 日至 2020 年 3 月 15 日的每日最低气温，根据气温数据，渠道冻结期为 130d，具体气温数据如图 4.34 所示。当渠道输水时，由于水体具有保温作用，设置水面以下衬砌的环境温度为 5℃。渠道停水时，水面以下的衬砌温度恢复至外界环境温度。T 为模型边界温度，℃；h_c 为对流换热系数，为表现渠道阴阳坡效应，左侧阴坡近似取值为 25W/(m²·K)，渠底及阴坡近似取值为 30W/(m²·K)。模型下边界恒温层取多年平均温度 8℃，左右边界为水热绝缘边界。土体内部初始温度由底部恒温层温度与上边界初始环境温度在沿深度方向进行线性插值得出。

位移边界条件：模型上边界为自由边界，左右边界及下边界设置为辊支撑，即边界的法向位移为 0。

行水位边界条件：渠道进行冬灌输水时，行水位按最低水位，水面距渠底 1.46m，停水后渠道中无积水。渠道输水时对格宾石笼及卵石层外边界施加水头边界，模拟渠水入渗；渠中无水时，其设置为自由出流边界，渠道行水位边界条件如图 4.35 所示。

4.5.2.3 计算方案

为探究冬季输水对混凝土衬砌板冻胀破坏的影响，建立两种工况下的数值模拟：

（1）工况一。渠道 10 月 23 日至 11 月 24 日进行冬灌输水，11 月 24 日至次年 3 月 15 日进行停水冻结。

（2）工况二。在保持与工况一相同初始条件下，10 月 23 日至次年 3 月 15 日渠道进行停水冻结。通过分析两种工况下的渠道温度场、渗流场、变形及应力场的数值结果，探究冬灌输水对两侧混凝土衬砌板冻胀破坏的影响。

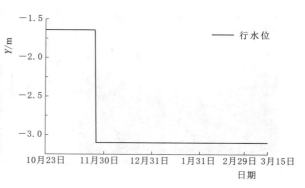

图 4.35　行水边界条件

4.5.3　计算结果与分析

4.5.3.1　渗流场分析

为探究两种工况下渗流场分布差异，提取两种工况下于 2019 年 11 月 24 日的渗流场分布云图。由图 4.36 可知，渠道在工况一中的地下水位由渠底以下 1.5m 上升至渠底处，基土全部达到饱和状态。这是由于在冬灌过程中，渠内水体通过透水格宾石笼向渠基渗流，导致渠底下部及阳坡下部土体基本达到饱和状态。而在工况二中，渠道地下水位仍然维持在 1.5m 处，渠底以下土体虽未达到饱和状态，但含水量相对较高。这是由于两侧边坡土体中含水在自重作用下向下渗流，同时，地下水位距离渠底较近，下部水分在毛细作用下向上迁移至渠底处，导致此处含水较高。综合两种工况下渠道渗流场分布情况，冬灌输水导致渠底以下及阳坡下部土体含水量剧增，在随后的冻结期内将会加剧此处土体冻胀效应。

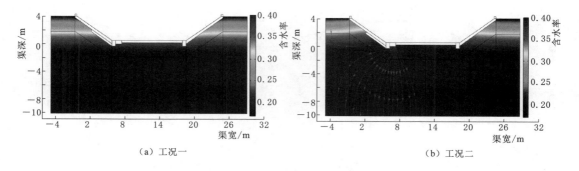

（a）工况一　　　　　　　　　　　　　　　（b）工况二

图 4.36　2019 年 11 月 24 日渠道渗流场分布

图 4.37 为 2020 年 3 月 15 日渠道渗流场分布。由图 4.37 不难看出，土体冰含量是渠顶冰层厚且含量低，渠底冰层薄且含量高，其中渠顶土体冰含量在 0.15 左右，渠底土体冰含量在 0.30 左右。这是由于渠顶处土体较渠底处土体在进入冻结时间较早，且冻深向下推进速度较快；同时由于渠顶距离地下水位较远，基本无水分补给作用，从而导致渠顶与渠底土体冰含量的差异。渠道在冬灌工况下，由于渗漏原因，导致渠底冰层较厚，为

0.85m；而在无冬灌工况下，渠底冰层厚度为 0.75m。这表明渠道在冬灌输水工况下将会发生更加严重的冻胀破坏。

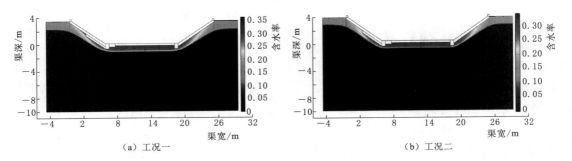

（a）工况一　　　　　　　　　　　　　　（b）工况二

图 4.37　2020 年 3 月 15 日渠道渗流场分布

4.5.3.2　变形及应力场分析

阴阳坡法向冻胀位移如图 4.38 所示。从图 4.38 可以看出，在两种工况中，混凝土衬砌板在基土的不均匀冻胀作用下向渠内凸起，渠底向上隆起，呈现出整体上抬的变形趋势。在工况一中，渠道阴坡最大法向冻胀位移分别为 2.78cm，位于距渠底约 1/2 处；阳坡最大法向冻胀位移为 2.39cm，位于渠底处。在工况二中，阴阳坡法向冻胀位移均从渠顶向渠底逐渐增大，渠底处最大法向冻胀位移分别为 2.32cm 及 2.08cm。计算结果表明，工况一中两侧混凝土衬砌板的法向冻胀位移均大于工况二。这是由于渠道在冬季输水工况下，渠基土含水量增加，加剧了渠基土的不均匀冻胀，导致衬砌板法向位移增大。同时，两种工况下渠底的冻胀量均大于渠顶处。其原因是地下水位距渠底仅为 0.6m，渠底处土体含水量较高，水分补给充足，冻胀量更大，并且坡脚处设置的现浇混凝土护脚对于两侧混凝土衬砌板的约束作用较弱，进而导致渠底冻胀量大于渠顶。

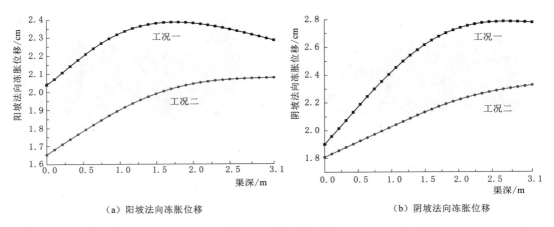

（a）阳坡法向冻胀位移　　　　　　　　　　（b）阴坡法向冻胀位移

图 4.38　阴阳坡法向冻胀位移

通过上述分析可以看出，在气温、地下水位土体初始含水量等因素作用下，渠基土产生不均匀冻胀，衬砌板受到来自基土的法向冻胀力作用。在法向冻胀力作用下，混凝土衬砌板截面弯曲正应力达到极限值时，从而发生冻胀破坏。因此，提取渠道阴阳坡衬砌板上下表面正应力数据进行分析，结果如图 4.39 和图 4.40 所示。

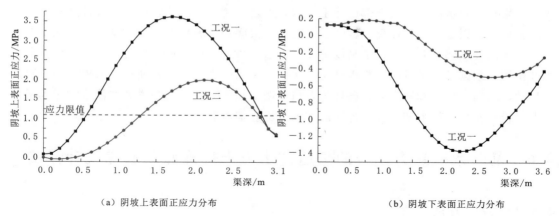

（a）阴坡上表面正应力分布　　　　　　　　（b）阴坡下表面正应力分布

图 4.39　阴坡正应力分布

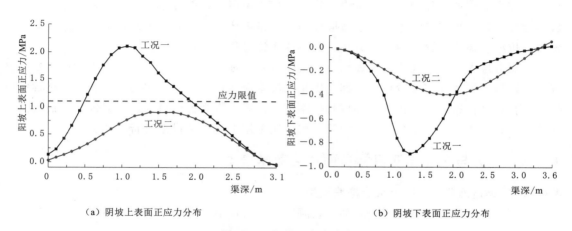

（a）阴坡上表面正应力分布　　　　　　　　（b）阴坡下表面正应力分布

图 4.40　阳坡正应力分布

分析图 4.39、图 4.40 可知，在两种工况下，阴阳坡衬砌板在冻胀力作用下均表现为上表面受拉、下表面受压的应力状态，且工况一中衬砌板上下表面拉压应力极值均远大于工况二。在工况一中，阴坡上下表面正应力极值分别为 3.60MPa、−1.37MPa；阳坡上下表面正应力极值分别为 2.10MPa、−0.89MPa。由于衬砌板上表面拉应力极值均大于混凝土抗拉强度，故发生拉裂破坏，破坏位置分别为距渠底 1/2 及距渠顶 1/3 处。在工况二中，阴坡上下表面正应力极值分别为 2.0MPa、−0.59MPa；阳坡上下表面正应力极值分别为 0.90MPa、−0.40MPa，位于距渠底约 1/2 处。阴坡上表面拉应力极值大于材料抗拉强度，因而发生拉裂破坏，破坏位置为距渠底 1/3 处，阳坡不发生破坏。由计算结果可知，冬季输水对于渠道衬砌结构受力的影响有两个方面：一是增加了两侧衬砌结构上下表面的正应力值，其原因是冬季输水改变了渠道原有的温度场及土体含水量，加剧了渠基土的冻胀，从而增大了衬砌板的受力状态；二是改变了衬砌板的冻胀破坏位置。就阴坡而言，渠道冬季输水时，水面位于距渠底约 1/2 处，温度场在空气、水面及衬砌交界处变化剧烈，温度梯度较大，且地下水位较高，未冻土中的水分在温度梯度下不断向此处迁移，导致此处土体冻胀剧烈，衬砌板易在此处发生冻胀破坏。而渠道冬季停水时，渠坡下部土体受到来自渠内负温空气及上部已冻土影响，加之距离地下水位较近，水分补给充足，土体冻胀变形较渠坡上部土体更加剧烈，因而在距渠底 1/3 坡板处产生冻胀破坏。就阳坡而言，由于阳坡从渠底向上铺设了高度为 1.46m、厚度为 30cm 的砂石垫层，其具有一定的柔性作用，削减了该区域衬砌板因基土冻胀而产生的应力大小，并使得应力极值的位置向上移动，从而导致冬季输水时，破坏位置位于距渠顶 1/3 处，而渠道冬季停水时衬砌板并未发生拉裂破坏。综上即为渠道冻胀破坏的渗冻互馈机制。

4.6　基于水-热-力耦合的渠道"水力+抗冻胀"双优设计方法

4.6.1　设计方法简介

以往寒区渠道设计中，多以水力最优断面作为渠道设计参考，而并未考虑渠道的冻胀破坏指标，这使得渠道对寒区环境适应性弱，冻胀破坏较为严重。为此，提出了寒区渠道水力+抗冻胀最优的设计理念与方法。具体的实施过程如下：

采用分层序列法构建渠道断面水力与抗冻胀双目标优化方法。以水力最优为第 1 层次优化，以所得形体几何参数作为抗冻胀优化的解集空间；在第 2 层次的抗冻胀优化过程中提出了衬砌结构整体刚度指标，并以整体刚度指标最小作为优化目标，以衬砌允许最大法向位移和拉应力作为约束条件。其中第 2 层优化采用上述数值模型进行求解。

4.6.2　水力与抗冻胀双目标断面优化数学模型

4.6.2.1　渠道冻胀水-热-力耦合冻胀模型

采用 4.2 节渠道冻胀水-热-力耦合数值模型手段，不考虑冻土的横观各向同性力学本构模型。

4.6.2.2　水力最优设计参数及其解集空间

采用分层序列法对双目标优化问题进行求解，将水力最优目标作为第 1 层序列，在其解集空间内求解抗冻胀最优目标解集。梯形渠道最佳水力断面及满足工程需要的实用经济断面各尺寸参数满足以下关系：

$$\beta_m = \frac{b_m}{h_m} = 2\left(\sqrt{1+m^2} - m\right) \tag{4.74}$$

$$\alpha = \frac{A}{A_m} = \frac{(\beta+m)\ h^2}{(\beta_m+m)\ h_m^2} \tag{4.75}$$

$$\frac{h}{h_m} = \alpha^{5/2}\left(1 - \sqrt{1 - \alpha^{-4}}\right) \tag{4.76}$$

$$\beta = \left(\frac{h_m}{h}\right)^2 \alpha\ \left(2\sqrt{1+m^2} - m\right)\ -m \tag{4.77}$$

$$h=\left(\frac{cQ}{\sqrt{i}}\right)^{3/8}\frac{(\beta+2\sqrt{1+m^2})^{\frac{1}{4}}}{(\beta+m)^{3/8}}, \qquad b=\beta h \tag{4.78}$$

式中：β_m 和 β 分别为水力最佳断面和实用经济断面宽深比；h_m 和 h 分别为水力最佳断面和实用经济断面水深，m；A_m 和 A 分别为水力最佳断面和实用经济断面过水面积，m²；b_m 和 b 分别为水力最佳断面和实用经济断面底宽，m；m 为渠道边坡系数；α 为实佳比，即实用经济断面与水力最佳断面过水面积比；c 渠道糙率。

由式（4.74）～（4.78）可知，在已知 Q、i、n 的情况下，选定一组 m、α 即可唯一确定 h，因此梯形渠道断面尺寸优化的独立参数为。为减少参数建模和寻优计算量，根据大型渠道工程建设实际，将独立参数的解集空间限定为 $m=[1,3]$，$\alpha=[1,1.04]$。

4.6.2.3 优化函数及约束条件确定

评价渠道衬砌抗冻胀能力的主要指标为衬砌法向冻胀位移和应力，具体到混凝土板状结构的衬砌时以拉应力作为控制指标。由于相同冻胀荷载下，衬砌结构冻胀位移越大，应力越小，反之冻胀位移越小，应力越大。从"削减、适应冻胀"的原则出发，混凝土衬砌结构在满足位移要求的前提下，结构内拉应力越小，对冻胀变形的适应性越好，为此本文构造衬砌整体刚度指标表征其结构的冻胀适应性。

$$K=\frac{\int_{L_u+L_d}\sigma_n\,\mathrm{d}L}{\int_{L_u+L_d}s\,\mathrm{d}L} \tag{4.79}$$

式中：K 为衬砌结构整体刚度指标，表示结构整体单位法向位移所产生的结构应力，MPa/cm；σ_n 为截面正应力，拉应力为正值，压应力为负值，且在结构上下表面达到最大值，因此沿衬砌上下表面进行积分求得其表面应力作为代表值，MPa；s 为衬砌法向位移，cm；L_u 和 L_d 分别为衬砌上下表面长度，如图 4.41 所示。

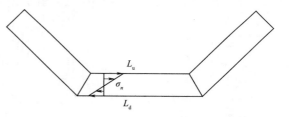

图 4.41 衬砌结构正应力及表面长度

在水力最佳及经济实用断面所确定的优化解集空间内，为确定使渠道满足抗冻胀最优要求的断面尺寸，结合渠系工程抗冻胀设计规范中对梯形渠道衬砌冻胀位移材料强度的约束要求，建立以下优化函数：

$$F(\alpha,m)=\min K(\alpha,m)$$

$$\text{s. t.}\begin{cases}\beta=\left(\dfrac{h_m}{h}\right)^2\alpha(2\sqrt{1+m^2}-m)-m\\ m[1,3]\\ \alpha=[1,1.04]\\ s\leqslant 1\text{cm}\\ -f_c\leqslant\sigma_n\leqslant f_t\end{cases} \tag{4.80}$$

式中：f_c、f_t 分别为混凝土抗压、抗拉强度设计值，MPa。

4.6.3 实例分析

4.6.3.1 有限元网格

以甘肃省景电工程干渠兰化段梯形混凝土衬砌渠道为例。原渠道设计流量为$65\text{m}^3/\text{s}$，糙率c为0.02，比降i为1/1500，边坡系数m为1.5，底宽为3m，宽深比为1.0，正常水深为3.6m，C20素混凝土衬砌板厚度为8cm，α为1.002。渠基土质为粉质黏土，因有灌溉回归水及渗漏，采取渠基排水措施后地下水位距离渠道底板1.3m深。渠道断面设计参数在水力最优的解集空间内，因此可以直接进行抗冻胀断面优化。

保持流量不变，以参数m和α表示渠道其他断面尺寸，建立参数化的渠道有限元模型。模型建立流程如图4.42（a）所示。采用实体单元对所建渠基与衬砌结构进行网格划分，如图4.42（b）所示。

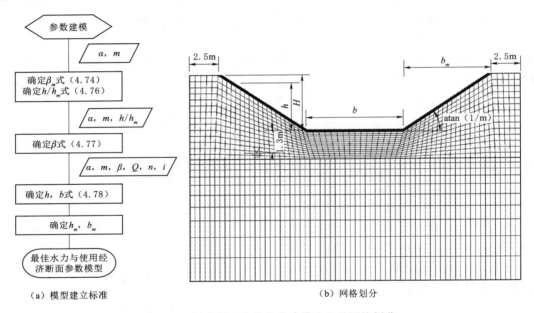

（a）模型建立标准 （b）网格划分

图4.42 渠道断面参数优化建模流程及网格划分

4.6.3.2 参数选取

首先设置模型温度边界。底部边界取渠顶以下10m作为恒温层，温度为8℃，上表面采用热流边界，在软件中输入式（4.81）：

$$-q_{up}=h_a\,(T_{ext}-T) \tag{4.81}$$

式中：q_{up}为边界热流密度，W/m^2；h_a为环境与边界间对流换热系数，$\text{W/(m}^2\cdot\text{K)}$；$T_{ext}$为环境温度，$T$为地表温度，℃。环境温度取当地2015—2017年12月至3月的月平均气温，如图4.43所示。渠道内混凝土衬砌的对流换热系数与表面风速v有关，可根据式（4.82）设置：

$$h_a=3.06v+4.11 \tag{4.82}$$

根据渠道断面的形状特征，风速由渠顶向渠底二阶递减，根据现场测定，冬季渠顶平均风速为 1.9m/s，渠底为 1m/s，渠坡处按二阶抛物线过渡。左右热边界为对称边界，无热流输入和输出。渠基土初始温度由底部温度不变层温度与顶部初始气温沿深度方向线性插值得出。

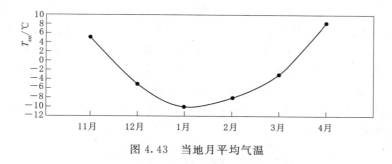

图 4.43 当地月平均气温

用于土体冻胀计算的水、热、力物理场参数取值见表 4.19 和表 4.20。表 4.19 中渠基未冻土体积含水量与距离地下水位线的距离 Δh 有关，渠基为黏土时，地下水对冻结层无显著影响的临界值为 2m，采用分段函数对渠基含水量进行定义。

$$f(\Delta h) = \begin{cases} 0.55 & 0 < \Delta h \leqslant 2m \\ 0.55 e^{[-0.08(\Delta h - 2)]} & \Delta h > 2m \end{cases} \tag{4.83}$$

未冻土渗透系数与未冻水体积含水量有关，进而也与地下水埋深相关，可表示为

$$k(\Delta h) = 6.02 \times 10^{-5} f(\Delta h)^{10.61} \tag{4.84}$$

表 4.19　　　　　　　　　　材 料 计 算 参 数

材料	导热系数 λ /[W/(m·K)]	比热容 C_p /[kJ/(kg·K)]	弹性模量 E /MPa	泊松比 ν	渗透系数 k /(m/s)	孔隙体积比	体积含水量
混凝土	1.58	0.97	2.1×10^4	0.23	/	/	/
已冻土	式（4.12）	式（4.11）	46	0.35	1×10^{-9}	0.55	0.05
未冻土	式（4.12）	式（4.11）	15	0.35	$k(\Delta h)$	0.55	$f(\Delta h)$
冰	2.2	2.1	/	/	/	/	/
土颗粒	1.5	0.92	/	/	/	/	/
未冻水	0.6	4.2	/	/	/	/	/

4.6.3.3　计算结果与分析

根据规范，衬砌结构冻胀安全的评价指标包括最大法向冻胀位移和最大结构拉应力，不设计参数下衬砌最大法向冻胀位移和拉应力如图 4.44 所示。可以看出，当实佳比 $\alpha = 1$ 时，设计断面为窄深式水力最优断面，随着边坡系数 m 的增加，渠坡减缓同时渠底宽度迅速减小（图 4.45），衬砌最大位移和最大拉应力皆减小，且最大位移和最大应力始终满足约束条件。当 $\alpha > 1$ 时，设计断面为宽浅式实用经济断面，随着 α 和 m 的增加，衬砌最大位移增大并超出位移约束范围；最大应力减小并从应力约束范围外进入约束范围内。这说明依据工程经验一味增加底宽与边坡系数不能起到防冻胀效果，而是需要在合理的 α 和

m 的取值范围内进行甄选。

为综合考虑 α 和 m 对渠道冻胀适应性的影响，提取有限元计算的衬砌结构位移和应力数据，并依据式（4.77）进行计算，得到不同设计参数下结构上下表面的整体刚度指标 K。如图 4.44 所示，法向冻胀位移导致衬砌承受上表面拉应力和下表面压应力，由于衬砌结构安全受制于拉应力，因此以上表面整体刚度指标 K 作为优化目标。结合图 4.44 和图 4.45（a）可以看出，在位移和应力约束范围内，使 K 取得最小值的断面设计参数取值见表 4.20。优化前后，各断面形状的湿周均在最佳水力断面所对应的最小湿周值附近微小变化，最大仅增大 1.1%，然而整体刚度指标降低 30%~48%，最大拉应力减小了 36.4%~52.7%，并均小于 C20 素混凝土抗拉强度设计值 1.1MPa，可见优化后的渠道断面适应冻胀破坏能力得到了提高。

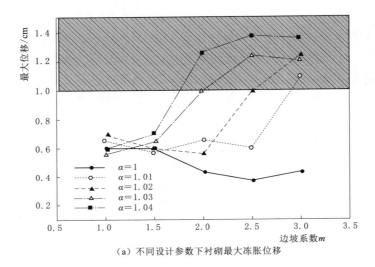

（a）不同设计参数下衬砌最大冻胀位移

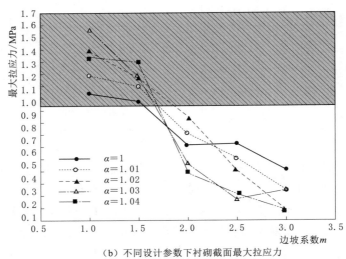

（b）不同设计参数下衬砌截面最大拉应力

图 4.44　不同设计参数下衬砌位移和应力计算结果

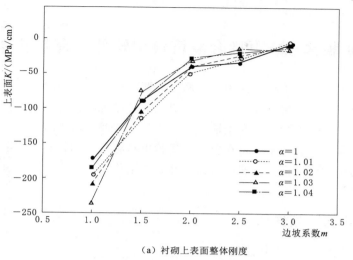

（a）衬砌上表面整体刚度

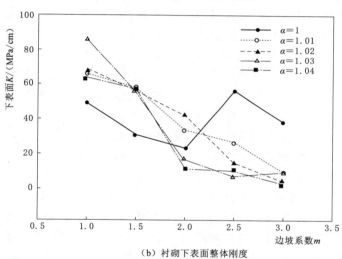

（b）衬砌下表面整体刚度

图 4.45 衬砌上下表面整体刚度计算结果

表 4.20 优 化 结 果 组 合

组合情况	实佳比 α	边坡系数 m	最大位移/cm	最大拉应力/MPa	整体刚度/(MPa/cm)
原设计	1.002	1.5	0.7	1.1	37
最优组合 1	1.0	2.0	0.50	0.7	25
最优组合 2	1.01	2.5	0.60	0.65	26
最优组合 3	1.02	2.5	0.95	0.55	19
最优组合 4	1.03	2.0	0.95	0.52	19

　　本书提出的寒区渠道形体优化设计方法，综合考虑了渠道所处区域的气温、地下水条件和土质特征等因素与渠道衬砌结构的耦合作用，基于本方法对冻胀过程和断面优化计算

的结果更加合理。

4.7 渠道冻胀水–热–力耦合数值模型软件平台开发

为面向工程设计，平衡精确性和效率两方面要求，针对寒区输水渠道，将上一节寒区渠道"水力＋抗冻胀"双优设计方法，开发成一款辅助工程设计的寒区渠道防冻胀设计标准化软件平台。该软件平台亦可在渠道设计不满足要求时，可进行保温、换填、改善受力等防冻胀措施验算。该设计平台可在保证渠道衬砌符合规范和材料要求的前提下，以成本和效益为评价指标对不同设计方案进行评估并确定最优设计方案，为灌区新建、改建和扩建渠道的抗冻胀设计提供参考。

4.7.1 软件平台体系结构

4.7.1.1 软件平台组成及设计流程

渠道抗冻胀结构设计软件平台 CFPDesign 以模块化理念进行系统设计，每个模块实现各自的功能，并通过接口与上下级模块进行数据交互，封装模块内部复杂算法，简化开发及后期维护难度。由用户输入模块、渠道断面水力设计模块、渠道抗冻胀性能分析模块、优化设计模块和显示输出模块五部分组成，如图 4.46 显示了各模块的结构关系以及模块间数据流动的情况。最左侧的用户输入模块为起始模块，该模块接受用户输入信息后，将数据分别传递到下级模块。中间部分的渠道断面水力设计模块、渠道抗冻胀性能分析模块和优化设计模块，接收上级模块传入的数据后，依次进行计算，并将计算结果传递到结果显示输出模块。当计算域较小时，中间三个模块数据流动为正向，当计算域较大时，为提升计算效率，渠道造价优选模块会中启用 BOBYQA 算法，随后该算法会自动向渠道断面计算模块和渠道冻胀计算模块反馈信息，调整变量值，此时模块间存在逆向数据流。

CFPDesign 软件平台设计模块结构及流程如图 4.46 所示，分为三个层次。首先，根据用户输入的渠道流量、比降、糙率和断面形状，计算得到水力最优断面和实用经济断面的尺寸组合，作为优化计算的解集域。其次，在解集域中选取一个尺寸组合作为初值，输入气候、土质、地下水埋深等外部条件和计算时间，分析经历一个或若干冬季后渠道衬砌的冻胀变形和结构应力，判断是否满足规范要求的抗冻胀性能，如果满足进入下一阶段；否则进行保温、换填、改善受力等防冻胀措施的施加后重新分析计算，直到满足要求进入下一阶段。最后，进入优化设计模块，根据水力性能、冻胀位移、结构应力和造价等指标的最优目标函数，在满足约束条件前提下，进行渠道断面形状、衬砌结构厚度、防冻胀措施类似和布置尺寸等内容的优化。对优化后的渠道进行抗冻胀性能分析，输出最终设计结果。

4.7.1.2 平台各组成模块功能

1. 用户输入模块

作为起始模块，采用 Java 语言设计图形交互界面（GUI），界面的窗体内设置了输入框（InputField）、复选框（CheckBox）、组合框（ComboBox）、滑块（Slider）等输入对象形式，以及文本标签（TextLabel）和单位显示框（Unit）等提示对象。用户阅读输入

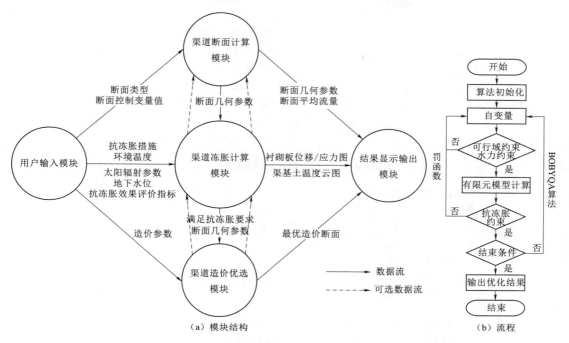

图 4.46 CFPDesign 软件平台设计模块结构及流程

提示对象的提示内容，在输入对象中输入数值或执行相应操作，单击 Tab、Enter 或是输入对象失去焦点后，系统判定用户完成该输入对象的输入。随后系统数据验证功能验证用户输入数据的合理性，验证通过后将用户输入信息传递至下级模块。用户输入模块与其他模块结合，用来实现用户与软件平台信息的交互。图 4.47 所示为渠道断面用户输入模块界面。

2. 渠道断面水力设计模块

《渠道防渗工程技术规范》（GB/T 50600—2010）给出了梯形、弧底梯形、U 形以及弧形坡脚梯形等寒区常见渠道断面的水力最佳和实用经济断面的计算方法，本模块使用 Java 代码在 App 开发器中封装了该方法，并预留了用户输入接口。该模块接收用户输入模块传入的断面类型、断面控制参数等数据，通过公式计算得到渠道断面水深、渠顶宽、断面面积、湿周等断面几何参数，以此为基础数据构建渠道几何模型，并调用结果显示模块直观显示模型，方便用户进行交互式设计。图 4.48 为渠道断面计算模块。

3. 渠道抗冻胀性能分析模块

本模块作为平台核心部分，封装了针对热传导、渗流、固体力学控制方程及水-热-力三场耦合联系方程的有限元数值求解程序，获得渠道及衬砌结构的温度、水分、冻胀应变、应力等场变量的数值解。包括单元网格的划分、控制方程求解和结果输出三部分。模块留有与用户输入模块交互操作接口，输入渠道模型尺寸、土体属性、环境温度、太阳辐射参数、地下水埋深以及计算时间，其中渠道模型尺寸由断面计算模块传入，其余数据由用户输入模块传入。系统基础数据库中已录入常见的工程基础数据，如常见的土体属性、太阳辐射参数等，当用户无法得到实际工程的数据时，可在软件中选择相应的预设值进行

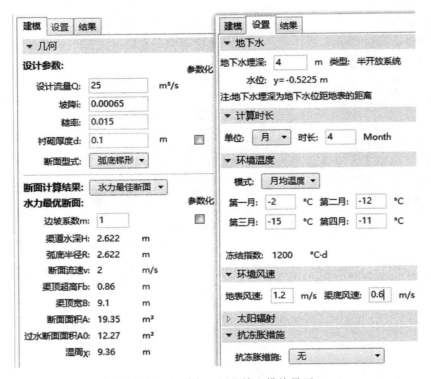

图 4.47　渠道断面用户输入模块界面

计算。模型计算结束后，会自动提取衬砌的法向最大位移与最大拉应力，并将满足抗冻胀规范要求的断面尺寸参数传递至造价优选模块。用户也可以通过结果显示模块自行查看渠基土的温度场、水分场以及衬砌的其他应力状态数据。

此外，本模块集成了两种常见的抗冻胀工程措施：保温板、基土置换。抗冻胀工程措施抗冻胀效果好，但费用一般较高，通常在抗冻胀结构措施未能满足抗冻胀要求时采用。如图 4.48 所示，用户可在此模块中选择保温板、基土置换或二者组合抗冻胀措施，计算最合适的保温板厚度或最合适的基土置换厚度。

4. 优化设计模块

用于对满足输水性能、抗冻胀和工程造价等需求的结构尺寸进行筛选和优化，或者对于不满足抗冻胀要求的结构进行措施的设计优选。模块将水力设计和抗冻胀分析模块中满足条件的结构尺寸作为优化计算域。当计算域组合数不大于 30 时，渠道断面和冻胀计算模块采用全局直接计算法得到每个渠道断面的分析结果，传递到本模块求解渠道造价目标函数，得到经济最优解；而组合数大于 30 时，模块启用 BOBYQA（Bound optimization by quadratic approximation）优化算法控制渠道造价模型，计算变量的取值由 BOBYQA算法给出。

5. 显示输出模块

此模块包括显示和输出两种功能，其中显示功能是指系统识别用户 GUI 操作后，在系统界面实时显示结果，用户可对结果进行缩放、旋转等操作。用户可以控制"结果"选

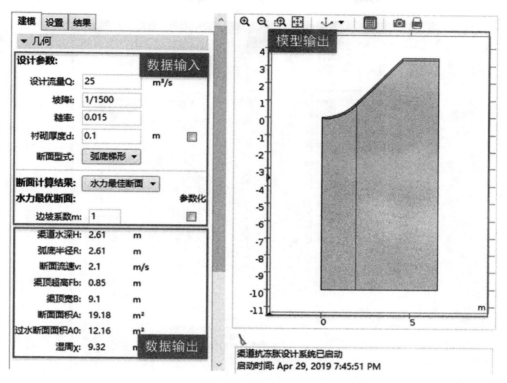

图 4.48 渠道断面计算模块

项卡中显示的内容及形式，其中显示内容包括渠道断面几何模型、渠道温度场、水分场、衬砌应力状态、位移量等信息，显示形式包括云图、表格、二维折线图等。输出功能中，系统根据用户指令将优化设计结果输出为相应格式的文件，用户定义工程的名称、标号及位置等信息后，选择输出文件中包含的内容以及文件形式和路径，便可以文件的形式输出此次设计结果，如图 4.49 所示。此外提供了常用的设计报告模板，一键输出 word 格式的设计报告书，减少设计人员工作量。

4.7.2 软件平台的理论内核

软件平台将有限元数值分析、决策优化和工程设计结合，主要功能是在渠道断面水力设计的基础上，遴选满足抗冻胀强度和刚度要求的断面或防冻胀措施，最后以单位长度渠道造价最小为目标，得到工程效益最大的渠道断面设计参数，并输出最优设计方案。平台采用的渠道水力优化理论、冻土渠道水热力三场耦合冻胀理论、材料强度理论，在 4.6 节已有介绍，下面简要介绍渠道造价优选数学模型。

$$\min F = F_1(B_1 + B_2) + F_2 A_d + F_3 A_c \tag{4.85}$$

$$A_c = d\left[\alpha^{5/2}(\theta + 2m)H_0 \mid 2F_d\sqrt{1 + m^2}\right] \tag{4.86}$$

$$A_d = \alpha\left(\frac{\theta}{2} + m\right)H_0^2 + mF_b\left[2(1 - K_r)H + \frac{2rm}{\sqrt{1 + m^2}} + F_b\right] + A_c \tag{4.87}$$

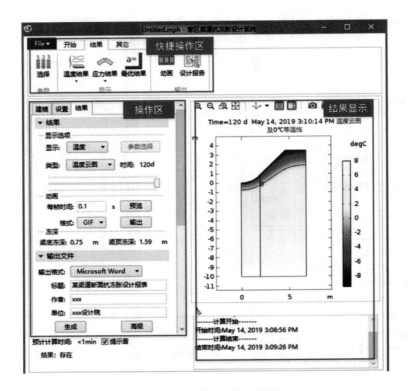

图 4.49　结果显示输出模块

式中：F 为单位长度渠道总造价，元；F_1 为征地价格，元$/\mathrm{m}^2$；B_1 为渠道顶宽，m；B_2 为渠堤宽，m；F_2 为 C20 混凝土价格，元$/\mathrm{m}^3$；A_d 为断面开挖/回填面积，m^2；F_3 为挖方价格，元$/\mathrm{m}^3$；A_c 为断面中衬砌截面积，m^2。

4.7.3　软件应用

4.7.3.1　实例分析

以陕西洛惠渠灌区东干渠抗冻胀设计为例，进行分析验证。渠道位于陕西北洛河下游洛惠渠灌区，历年平均冻结时间 37d，平均冻结指数 75℃·d，考虑最不利工况，模拟期间环境温度取当地 11 月至次年 2 月平均最低气温，分别为 0.7℃，-4.7℃，-6.3℃，-2.5℃。渠线穿过埋深为 2.6m 的孔隙潜水层，渠道冬季不行水，行水期入渗及潜水层是渠基水分补给的主要来源。灌区渠基土为坡积黄土状亚黏土，衬砌材料为 C20 混凝土，综合工程设计资料和参考文献，用于土体冻胀计算的水、热、力物理场参数定义和取值见表 4.21。渠道主要造价见表 4.22。

渠道设计流量 Q 为 $5\mathrm{m}^3/\mathrm{s}$，糙率 n 为 0.015，坡降 i 为 1/1500，断面尺寸参照规范工程经验确定，原设计方案中渠水深 1.57m，边坡系数 m 为 1，实佳比为 1.003，底宽为 2.9m，渠道超高 F_b 为 1.03m，衬砌厚度 d 为 10cm，渠堤宽为 2m。现采用本书软件平台对该设计方案进行优化。

表 4.21 材 料 计 算 参 数

材料	导热系数 λ /[W/(m·K)]	比热容 C_p /[kJ/(kg·K)]	弹性模量 E /MPa	泊松比 ν	渗透系数 k /(m/s)	孔隙 体积比	体积 含水量
混凝土	1.58	0.97	2.1×10^4	0.23			
已冻土	式(4.12)	式(4.11)	46	0.35	1×10^{-9}	0.55	0.05
未冻土	式(4.12)	式(4.11)	15	0.35	k	0.55	$f(\Delta h)$
冰	2.2	2.1					
土颗粒	1.5	0.92					
未冻水	0.6	4.2					

表 4.22 渠 道 主 要 造 价

征地价格 F_1/(元/m²)	C20 混凝土价格 F_2/(元/m³)	挖方价格 F_3/(元/m³)
105	490	4.5

（1）启动软件，单击左上角"File"按钮，选择新建工程实例，输入工程信息即可进入软件主界面。如图 4.50 所示，软件上部为功能区，包含"计算""断面优选"等常用的功能按钮；软件主体左侧为设置区，右侧为显示区，用户通过设置区修改模型参数及设置，显示区便可以实时显示模型，为用户提供了清晰的交互逻辑。

（2）单击设置区的"建模"选项卡，输入渠道的设计参数，其中设计流量 Q 为 5m³/s、坡降 i 为 1/1500、糙率 n 为 0.015，衬砌板厚度为 10cm。软件根据输入参数执行断面计算模块，得到水力最优与经济实用断面的尺寸参数。其中，边坡系数、实佳比默认执行参数化计算，用户可勾选自定义按钮，对其进行单值计算；渠顶超高根据该工程实际情况设置为 1.03m。

（3）勾选断面尺寸参数下方的显示复选框，即可在显示区激活显示该渠道断面模型，用户可使用鼠标对其进行缩放，移动操作。单击显示区上方的相机按钮，可根据实时显示情况输出模型图片；勾选断面尺寸参数下方的几何或网格复选框，可在右侧显示渠道断面的几何或网格。

（4）单击"建模"选项卡中的材料设置按钮，进入材料属性设置窗口，如图 4.51 所示，根据工程实际情况设置土壤和衬砌板的材料参数。

（5）单击设置区的"设置"选项卡，进入模型设置界面，如图 4.52 所示。设置地下水埋深为 2.6m，软件判断该模型为半开放系统；设置计算时间为 11 月至 2 月共 4 个月，输入当地的月均温度 0.7℃，−4.7℃，−6.3℃，−2.5℃；依照表 4.22 输入渠道的造价费用。

（6）模型设置完成后，单击软件左上角计算按钮进行计算。

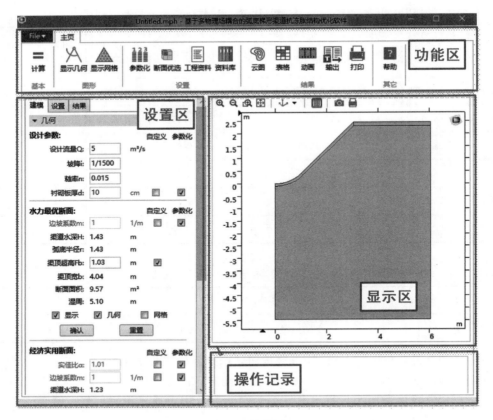

图 4.50　软件界面

图 4.51　材料属性设置界面

4.7.3.2 结果显示

计算结束后，软件通过声音提醒用户，默认情况下会在显示区显示渠道的温度云图及冻深线结果，如图 4.53 所示。通过修改"结果"选项卡中的"数据来源"与"显示设置"，用户可在显示区得到相应的结果显示。

单击功能区中"断面优选"按钮，即可显示造价优选模块的计算结果，本算例造价优选模块计算结果，如图 4.54 所示。断面优选对话框左侧是断面属性库，包括断面参数范围，抗冻胀断面筛选以及造价信息等内容。断面参数范围与参数化设置相关，它控制断面属性库中显示参数范围；抗冻胀断面筛选是将各个参数断面的计算结果与规范和材料要求进行对比，筛选得到满足要求的断面；造价部分将各个参数断面的单位长度渠道造型信息以三维坐标的形式显示，用户可以直观地查看每个断面的造价信息。断面优化对话框右侧是最优断面，包括参数概要及详细信息两部分内容，参数概要将最优断面的所有参数集中

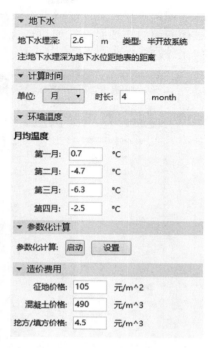

图 4.52 模型设置界面

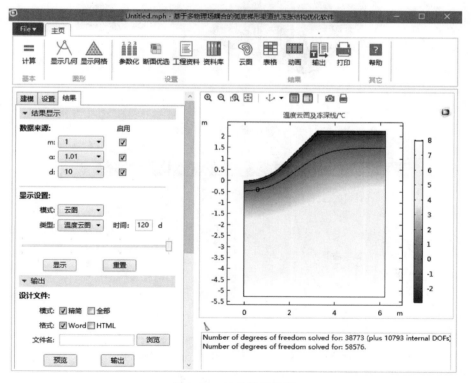

图 4.53 结果显示界面

显示，方便用户查看，并提供了信息复制和存储按钮；在详细信息中，用户单击按钮会显示最优断面的详细属性，如单击应力/位移按钮，则会显示最优断面的应力和位移信息，如图 4.55 所示。

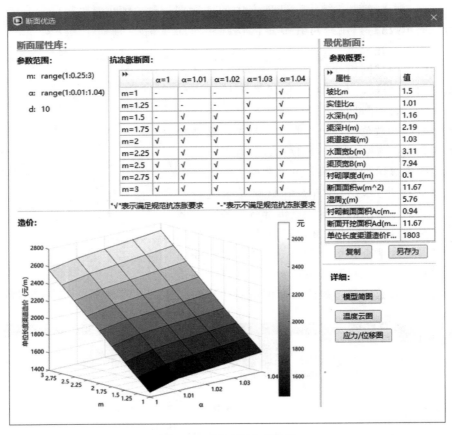

图 4.54　断面优选对话框

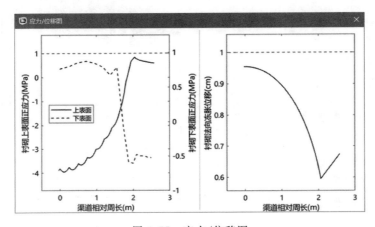

图 4.55　应力/位移图

用户确认断面设计结果后，可将结果保存为设计文件或动画。在图 4.53 中修改"结果"选项卡中的设计文件属性，即可定制设计文件的输出模式、格式及文件名等属性，其中"精简"模式表示只输出渠道最优设计断面的设计参数与计算结果，而"全部"模式会输出所有满足规范要求的断面设计内容。设置完成后单击"预览"按钮即可预览设计文件，确定文件输出路径和文件名后，单击输出得到最终的设计文件。

4.7.3.3　结果对比分析

为说明软件设计结果的有效性和合理性，现将软件设计结果与原设计对比，结果见表 4.23。

表 4.23　软件与原设计结果对比

设计情况	边坡系数 m	实佳比 α	水深 H/m	湿周 χ/m	断面面积 A_d/m^2	渠顶宽 b_d/m	衬砌厚度 d/m	造价 $F/(\text{元}/\text{m})$
原设计	1	1.003	1.57	5.69	11.00	6.9	0.1	1468
软件设计	1.5	1.01	1.16	5.76	11.67	7.94	0.1	1803

原渠道抗冻胀设计依照传统的抗冻胀设计方法进行，计算渠道各部位的最大冻胀量为 2.13cm，规范中给定弧底梯形渠道衬砌的位移值限值为 3cm，故原设计未对渠道断面增加额外的抗冻胀措施。但在渠道的运行过程中，由于渠线所处地下水位较高，渠道衬砌受渠基土冻胀影响，致使渠道边坡失稳，影响了渠道的正常运行。由于原渠道的抗冻胀设计未考虑渠道断面和衬砌结构形式与对基土冻胀的影响，设计人员经冻胀量验算后直接采用了水力设计的断面结果，导致过陡的边坡在小位移下仍然出现了冻胀破坏的现象。

对比二者设计结果，由表 4.23 可知，在相同的泄流能力下，软件设计的断面比原设计更加"宽浅"，边坡系数由 1 变为 1.5。原渠道在破坏后的治理过程中，放缓渠道边坡至 1.5，运行多年后未出现冻胀破坏现象，软件设计结果与之接近，证明了软件设计结果的合理性。软件设计结果与渠道原设计相比，渠水深减少 0.41m，渠顶宽增加 1.04m，断面面积增加 0.67m²，单位长度渠道造价增加 22%，与其他工程量大的结构措施（如架空梁板式）或保温板、置换基土等工程措施相比，软件设计结果在仅增加少量占地和费用的前提下，即满足了抗冻胀需求，在保证工程安全的前提下提高了工程效益。

4.8　本章小结

（1）将冻土视为"冷胀热缩"材料，考虑渠道衬砌与冻土的接触作用，按照大体积超静定结构系统温度应力的计算方法，提出了旱寒区渠道冻胀热力耦合数值模型，计算结果与实测结果接近，说明该模型是正确可靠的。

（2）进一步考虑冻土的水分迁移、冰水相变、横观各项同性冻胀及力学本构，采用弹性薄层单元修正衬砌与冻土的接触模型，提出了渠道水-热-力耦合冻胀数值模型，并结合现场监测验证了模型的合理性。

（3）结合渠道水-热-力耦合数值模型，揭示了旱寒区渠道冻胀破坏的尺寸效应、冻融循环和干湿交替机制及渗冻互馈机制。

（4）基于渠道冻胀数值模型和水力最优解集，提出了旱寒区输水渠道"水力＋抗冻胀"双优设计方法，该设计方法可在保证渠道输水性能的前提下，尽量减少渠道的冻胀破坏。

（5）将"水力＋抗冻胀"双优设计方法开发成渠道冻胀数值模型软件平台，并可进行保温、换填、改善受力等防冻胀措施验算。该设计平台可在保证渠道衬砌符合规范前提下，以成本和效益为评价指标对不同设计方案进行评估并确定最优设计方案，为灌区新建、改建和扩建渠道的抗冻胀设计提供参考。

第5章 渠道新型"自适应"衬砌结构防冻胀技术

寒区渠道冻胀破坏严重，主要是由"温-水-土-结构"相互作用所致，需从这4个因素着手来回避、适应、削减或消除冻胀，保障渠道安全。对应的4种防渗技术如下：

（1）低温冻结是渠道冻胀破坏的首要原因，"保蓄温"技术是渠道防冻胀的有效技术，具体是指在衬砌板下方铺设低导热系数保温板，对渠道基土进行蓄热保温，以避免基土冻结或减少冻深，削减冻胀。保温材料、厚度、铺设方式已得到较多研究，在内蒙古河套灌区、宁夏引黄灌区进行了大规模试验和使用，防冻胀效果显著。目前，常用的保温材料有模塑聚苯乙烯苯板、挤塑板等，具有质轻、耐压、保温等优良性能。采用保温板时允许渠道下存在部分冻深，但需保证冻胀量满足设计标准，其厚度选择至关重要。过薄易存在极低温环境下的保温失效问题，过厚则增加工程费用。

（2）渠道渗-冻互馈破坏引发渗漏水损失严重，是产生冻胀的主要原因，可通过合理控制基土含水率，减少因水分集聚产生的冻胀破坏。其中，防渗材料、排水措施的选择至关重要。防渗材料的选择原则是就地取材，因地制宜。主要包括混凝土、沥青、砌石和复合土工膜等传统防渗材料，以及膜袋混凝土、膨润土防渗毯、土工织物复合材料、聚合物纤维混凝土等新型材料，同时还有以化学改良、纳米改性为手段对传统材料进行性能提升，如土壤固化剂和纳米改性材料等。实践表明混凝土与土工膜的复合衬砌防渗效果耐久可靠，是工程普遍采用的复合防渗抗冻胀措施，而新型再生混凝土、纤维涂层、环保防渗耐久等新材料开发前景广阔。

针对高地下水位、地表水补给多或排水不畅的渠道而言，可采用碎石集水层和纵横排水管网的方式，结合单向逆止阀系统，将基土内水分进行收集并排走，以减少衬砌渠道由于地下水不断地向冻结锋面迁移加剧冻胀破坏，防止快速退水时衬砌结构整体因扬压力过大而发生水胀破坏。

（3）"换填土"指将冻胀敏感性的细粒土置换为粗粒土等冻胀不敏感的材料，以切断毛管水上升和地下水分迁移补给，从而控制冻胀量。换填材料的选择原则也是就地取材，常采用卵石、砂砾石或纤维砂袋等弱冻胀性土进行换填，其厚度需结合土壤的类别、冻深、地下水埋深等综合确定，该措施在甘肃景电工程、内蒙古河套灌区、北疆供水等工程中广泛使用，防冻胀效果较好。

（4）"释放力"是指通过调整渠道断面形状或衬砌结构形式，协调基土与衬砌间变形及相互作用，增强衬砌适应基土冻胀变形的能力，以削减冻胀破坏。相较于梯形渠道而言，弧底梯形渠道、弧形坡脚梯形渠道、U形渠道因梯形脚弧形化而使冻胀力分布均匀化，适应变形能力增强而得到广泛应用；同时亦出现了一些新型衬砌形式，通过在冻胀较强的部位加厚衬砌来抵抗冻胀，如肋型平板、楔形板或中部加厚板。

近年来，结合渠道冻胀破坏机理及计算模型，提出了"适膜""适缝"和"适变"等防冻胀衬砌新结构,协调衬砌与渠基冻胀变形。由工程力学模型揭示的"冻胀力与冻结力互生平衡规律"可知,削减冻结力可有效减少衬砌板受到的冻胀力,基于此,提出了"适膜"和"适缝"两种新型防冻胀衬砌结构。"适膜"即在衬砌板和渠基土间铺设 2 层土工膜,以膜间相对滑动来减少冻结力约束;"适缝"新结构即在衬砌板上设置柔性纵缝,以减少衬砌板与渠基土的冻结约束。基于工程力学模型揭示的"弧形底板的拱效应可将其受到的法向冻胀力多数转换成轴力的机理"可知,提出了弧形脚替换梯形脚的措施,并结合柔性纵缝来进一步削减冻胀,即"适变"新结构。

目前,数值仿真确定出了适应冻胀变形的合理双膜布置方式和纵缝的位置、宽度、个数及其组合方案,防冻胀效果显著。这些精确控制双膜间摩擦力的"适膜"和合理设置纵缝的"适缝"技术的实践效果,有待进一步的现场试验验证。

5.1 渠道"适膜"防冻胀技术

5.1.1 技术简介

现有渠道工程设计中,常采用"混凝土衬砌+复合土工膜"的防渗手段,在寒区中应用亦较多,基于此,新提出的"适膜"防冻胀技术如图 5.1 所示,即将"单膜"铺设改为"双膜"铺设。工程上,双层土工膜的铺设形式有 3 种:①双层-布-膜土工膜采用膜-膜接触;②双层-布-膜土工膜采用膜-布接触;③双层两布-膜土工膜采用布-布接触,如图5.2 所示。3 种铺设方式关键区别在于 2 层土工膜间摩擦系数不同,对冻结约束的解除程度也不同,从而削减冻胀破坏的程度亦不同。

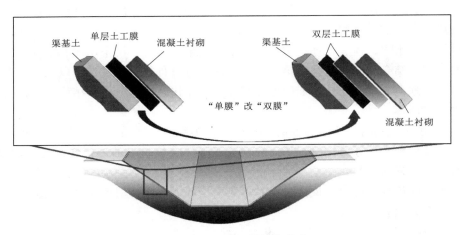

图 5.1 "适膜"防冻胀技术

5.1.2 技术要点

弧底梯形渠道防冻胀效果较好,以此断面为例进行分析。针对于此技术,双膜间的摩擦系数对于削减渠道冻胀破坏至关重要,若过度解除界面间冻结约束则会使渠道结构刚度

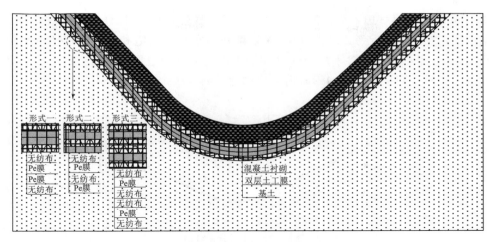

图 5.2 "适膜"布设

与稳定性不足。因此有必要对此技术进行以下研究：

（1）双膜间摩擦力取值的影响，不同双膜布设形式的摩擦约束对衬砌冻胀力与变形的影响规律。

（2）过度解除基土冻结约束对于渠道衬砌结构刚度与稳定性的影响，以及断面形状对"适膜"衬砌适用性的问题。

针对以上问题，采用 4.2 节渠道冻胀水-热-力耦合数值模型手段，分析单膜、无摩擦双膜及实际工程中的 3 种双膜布设形式等 5 种工况下的冻胀规律及防冻胀效果。

5.1.3 "适膜"防冻胀技术数值模型

5.1.3.1 基本理论

渠道的水热耦合模型同 4.2 节控制方程，变形场中的土体冻胀率参考《渠系工程抗冻胀设计规范》（SL 23—2006）中的粉土冻胀量与冻深、地下水位的关系，进行拟合后得到。

$$\varepsilon_{grandT}=\begin{cases}0.5736e^{-0.01554Z_w}\ (-0.004Z_d+0.5934) & Z_d \leqslant 80\text{cm}\\ 0.1352e^{-0.00162Z_w} & Z_d \leqslant 80\text{cm}\end{cases} \tag{5.1}$$

式中：Z_w 为地下水位，cm；Z_d 为冻结深度，cm；ε_{grandT} 为逆温度梯度方向单位土体冻胀量，m/m。

渠道衬砌-双膜-冻土相互作用的接触模型采用 4.2 节接触模型，接触面的参数需结合"双膜"接触实际进行调整。

5.1.3.2 有限元模型

1. 有限元网格

根据规范中渠道经济断面的尺寸要求，保证渠道规模不变即过水面积相同的原则，建立图 5.3 所示一系列弧底梯形断面渠道有限元模型，其尺寸参数见表 5.1。根据我国西北地区气温、辐射等环境条件，选取温度边界阳坡受太阳辐射面衬砌表面温度 −10℃，阴坡遮阴面温度 −15℃，环境向衬砌结构传热边界为对流热通量边界，对流换热系数取 28W/（m²·K）。由于西北地区土体表层以下 10～15m 处温度基本保持常年稳定，故本书取渠道基土 15m 深度处温度边界为恒温 8℃。由于渠道渗漏和灌溉水回流，根据西北灌区常年地下水数据，按危险情况考虑假设 15m 深处渠基土常年接近饱和，模型取地下水位埋深距渠底 1.5m，渠基土初始含水量 20%。渠道左右边界和下边界约束为定向支座约束，上边界自由。有限元网格采用四边形映射方式创建，共 902 个单元。

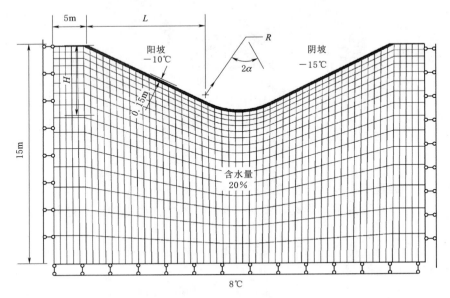

图 5.3　渠道有限元模型及网格

表 5.1　　　　　　　　　　　　　渠道断面尺寸参数

尺寸参数	断面一	断面二	断面三	断面四	断面五
边坡系数 m	1	1.5	2	2.5	3
弧底半圆心角 α/rad	0.785	0.588	0.464	0.380	0.322
弧底半径 R/m	6.34	7.27	8.63	10.32	12.29
渠深 H/m	5.57	4.88	4.36	3.98	3.67

2. 参数选取

将混凝土衬砌板看作各向同性材料，弹性模量取 21GPa。将冻土与非冻土视为各向同性弹性体，未冻土的弹性模量 15MPa，冻土的弹性模量随温度改变，见表 5.2。

表 5.2　　　　　　　　　　　　　冻土弹性模量及泊松比

温　度/℃	0	−1	−2	−3	−5
弹性模量/MPa	15	19	26	33	46
泊松比	0.33	0.33	0.33	0.33	0.33

表 5.3 不同垫层类型接触模型计算参数根据西北地区冬季土体平均冻结时长，模型计算时间为 120d，采用瞬态求解。根据垫层铺设工艺不同，采用共节点方式模拟单膜垫层衬砌渠道冻胀，采用 4.2 节建立的弹性薄层模型分别模拟理想无摩擦双膜及 3 种实际铺设情况的双膜垫层，根据铺设形式不同，其静摩擦力与动摩擦系数取值见表 5.3。

表 5.3   不同垫层类型接触模型计算参数

垫层类型	理想双膜	形式一	形式二	形式三	单膜
$k'_{At}/(\mathrm{MPa/m})$	0	5.35	7.50	10.00	—
$\sigma_{t\mathrm{max}}/\mathrm{MPa}$	0	0.005	0.008	0.01	—
f	0	0.1	0.25	0.5	—

5.1.4 "适膜"布设形式与断面对衬砌结构稳定性影响分析

渠基土冻胀量取决于温度、水分和土质条件，在以上 3 种外因相同前提下，渠基土冻胀量相同，此时衬砌结构的变形与整体位移受衬砌-冻土间接触特性和渠道断面形状的影响。以边坡系数取 1 为例，表明单膜和理想双膜 2 种布设形式下衬砌冻胀变形规律（图 5.4）。渠基土的冻胀变形呈现渠底有较大局部隆起，渠口内缩的变形，坡脚衬砌受坡板约束位移受限，呈现相对下凹的变形，并且阴坡冻胀变形明显较阳坡大。对比 2 种垫层形式可以看出，图 5.4（a）中单膜衬砌结构与土体连接而变形一致。图 5.4（c）中理想双膜防渗层布置的衬砌受基土冻胀顶托，在渠底衬砌上升位移相同，呈现整体抬升，在渠底两坡脚位置，相对渠底中心冻胀量较小的位置处与土体脱离，法向冻胀位移分布较为均匀；但是衬砌整体相对其下方渠槽产生切向位移，向右侧阴坡上方偏移，结构整体位移增大，稳定性降低。其他双膜形式衬砌变形介于二者之间。

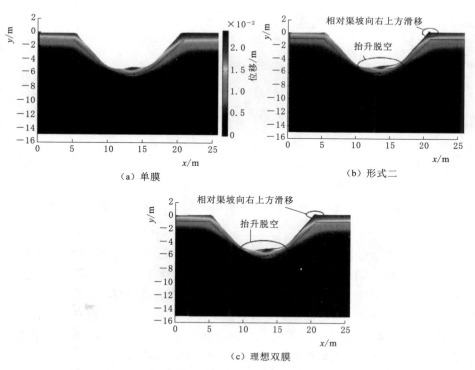

图 5.4   单双膜布设形式下边坡系数为 1 的渠道及衬砌结构冻胀位移对比

（以渠顶左顶点为坐标原点，横坐标为渠道横剖面水平方向，向右为正，

纵坐标为渠道横剖面渠深方向，向上为正）

以法向冻胀位移方差评价结构刚度，以衬砌相对渠槽的切向位移评价结构稳定性，如注：正值表示沿阴坡向上滑动，负值表示沿阳坡向上滑动。

如图 5.5 所示，当边坡系数≤2 时，衬砌结构冻胀方差呈现膜-膜接触双膜（形式一）＜理想双膜≤布-膜接触双膜（形式二）＜布-布接触双膜（形式三）＝单膜垫层的规律。当 $m>2$ 时，3 类双膜衬砌的冻胀位移方差与单膜接近，但都明显小于理想双膜衬砌（注：正值表示沿阴坡向上滑动，负值表示沿阳坡向上滑动）。

图 5.5（b）为不同布设形式和断面形状下，衬砌与土体相对切向位移对比。其中单膜为 0，当 $m≤2$ 时，形式三的双膜防渗层衬砌向阳坡滑移。形式二布设形式在 $m=2$ 时向阳坡滑移，$m<2$ 时向阴坡滑移。其他双膜防渗层布设形式下衬砌均向阴坡滑移。总体来说，各类布设形式下衬砌相对土体切向位移绝对值接近，但形式二衬砌相对位移绝对值最小。当 $m>2$ 时，形式二和形式三的双膜防渗层衬砌相对土体向阳坡移动但是绝对值很小，远小于理想双膜和形式一布设形式下的衬砌滑移量。双膜防渗层在一定程度上解除土体冻结约束，在土体不均匀冻胀时通过小范围滑动和整体抬升，使结构冻胀位移均匀；但大范围滑动则会造成衬砌整体变形，使位移均匀性降低。在渠槽窄深时，渠槽本身具有限制大范围滑动的能力，适当的微小膜间摩擦力配合渠槽约束可使衬砌结构有较好的冻胀均匀性。在渠槽宽浅时，渠槽约束减弱，需要更大膜间摩擦力才能约束结构过大滑动，保证结构稳定性。

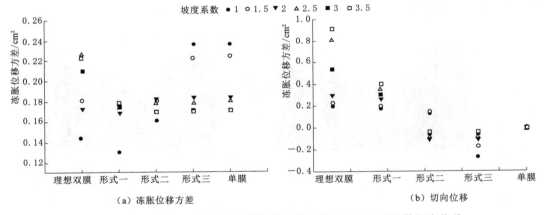

（a）冻胀位移方差　　　　　　　　（b）切向位移

图 5.5　不同渠道尺寸及布设形式衬砌结构冻胀位移方差及整体切向位移
（正值表示沿阴坡向上滑动，负值表示沿阳坡向上滑动）

综上分析，对于窄深衬砌渠道，减小膜间摩擦力获得最好的冻胀均匀性，冻胀位移方差与单膜相比最大可减小 41.6%，膜间摩擦力对整体稳定性影响不大。对于宽浅渠道，减小膜间摩擦力对冻胀均匀性和整体稳定性都不利，理想双膜冻胀位移方差比单膜增加 22.2%，整体位移最大 0.9cm。综合考虑冻胀均匀性和稳定性的要求，理想双膜布设形式只适用窄深渠道，而摩擦力适当的布-膜接触（形式二）双膜防渗层布设形式，既适用于窄深渠道，也适用于宽浅渠道，其冻胀方差较单膜减小 25%，但整体位移均不超过 0.2cm。

5.1.5　"适膜"布设形式与断面对衬砌结构应力影响分析

渠道衬砌作为板结构，横截面正应力是决定其强度的关键指标，以 $m=2$ 的渠道断面为代表，分析不同垫层形式下衬砌结构表面的正应力，如图 5.6 所示。常规混凝土衬砌材料极限拉应力为 1.1MPa，压应力极限为 −10.0MPa。单膜防渗层衬砌结构受力复杂，在渠顶附近上表面受压、下表面受拉呈现下凹弯曲；在渠坡中上段为上下表面同时受拉的状态；在渠坡中下段转变为上下表面同时受压；弧底段偏心受压且上表面压应力较大，但在渠中心偏向阴坡方向呈现上拉下压的上凸弯曲。在此应力状态下，单膜防渗层布设时，衬砌结构在渠顶下表面拉裂，渠坡中上部上表面拉裂，弧底中心弯曲破坏下表面拉裂。

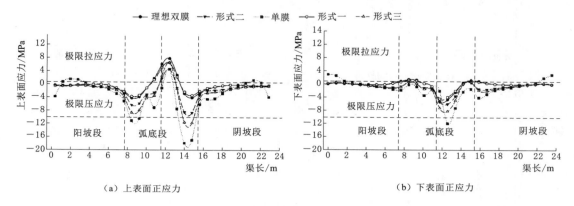

图 5.6　边坡系数为 2 时不同防渗层形式衬砌板截面正应力沿渠周分布
（正值为拉应力，负值为压应力。常规混凝土衬砌材料极限拉应力为 1.1MPa，压应力极限为 −10.0MPa。下同）

　　铺设双膜防渗层后峰值应力均减小，渠坡均为压应力或微小拉应力，弧底段阳坡下表面压应力和上表面拉应力值小于材料强度极限；在弧底段，膜间摩擦力小的衬砌下表面拉应力过大而破坏；摩擦力过大则会造成上表面压应力过大而破坏。这是因为渠顶土体自由冻胀时，衬砌结构与之共同变形从而产生拉应力；渠底冻胀量大顶托衬砌，冻结力约束衬砌位移，从而在渠底产生较大的压应力和弯曲变形。铺设双膜防渗层后，由于消减了冻结力约束，渠坡板仅受弧底顶托作用，拉应力转变为压应力；渠坡衬砌的顶托反力作用于弧底段，衬砌结构拱效应充分发挥，适当地解除冻结约束有助于释放弧底压应力，但过度解除冻结约束又会导致弧底拱效应丧失，从而产生了过大弯曲变形以及较大的拉应力，对衬砌结构的强度产生不利的影响。

　　在不同断面和垫层组合情况下，分别计算衬砌表面的拉应力和压应力平均值，评价双膜垫层对不同断面渠道应力削减程度，如图 5.7 所示。衬砌拉应力与压应力均值随边坡系数增大而减小，而且无论对于宽浅式还是窄深式弧底梯形渠道，膜-布相对、布-布相对的双膜衬砌拉应力均值都是最小的，理想双膜和膜-膜相对的双膜衬砌压应力都是最小。综合评价，采用膜-布相对和布-布相对的垫层形式（形式二、形式三）具有最佳的削减衬砌应力的效果，与单膜相比，平均冻胀应力削减 50% 以上。

　　通过以上分析可以得出，从以位移方差为指标的刚度和以整体切向位移为指标的稳定性方面评价，双膜垫层中的膜-布相对形式（形式二）无论对窄深渠道还是宽浅渠道都可以起到调整冻胀位移，并保证稳定性的最佳功能。从以结构应力均值为指标的强度方面评价，膜-布相对和布-布相对（形式二、形式三）则具有最佳的削减结构冻胀应力的功能。

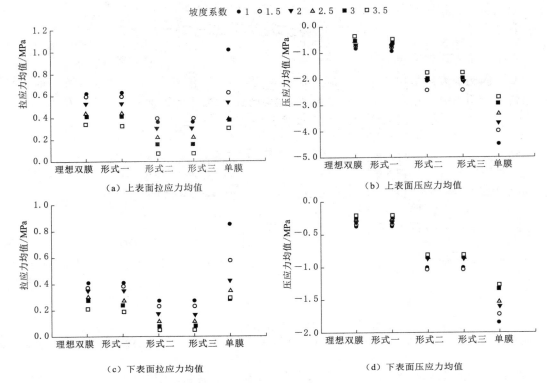

图 5.7　不同防渗层形式与断面衬砌结构表面拉应力和压应力均值

综合强度、刚度与稳定性要求，采用适当摩擦力的膜-布相对（形式二）的衬砌双膜垫层形式，对渠道防冻胀破坏效果最佳。

5.2　渠道"适变"防冻胀技术

5.2.1　技术简介

　　"适变"即能适应一定冻胀变形的渠道衬砌断面结构形式，一方面采用比较平缓的边坡，设置弧形坡脚或弧形渠底，改善坡脚受力条件；另一方面利用较宽的柔性纵向伸缩缝吸收因基土冻胀导致的衬砌板周向位移并释放法向冻胀变形，降低了切向冻结力对衬砌板的约束作用，改善渠道衬砌冻胀变形不均匀程度和受力状态，使其不易发生冻胀破坏，该技术如图 5.8 所示。

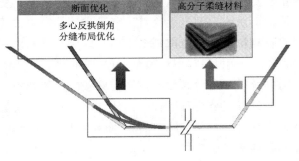

图 5.8　"适变"防冻胀技术

126

5.2.2 技术要点

针对于此技术，不同的梯形脚弧形化、梯形底板弧形化及纵缝的布置形式均会影响衬砌结构受力，对防冻胀效果影响较大。以弧形坡脚梯形渠道为例，采用4.1节渠道冻胀热-力耦合数值模型手段，重点探求"适变断面"渠道冻胀的受力及变形规律。

5.2.3 渠道"适变"防冻胀技术数值模型

1. 有限元模型

选择山东省打渔张五干渠弧形坡脚梯形渠道作为数值模拟分析对象，其断面形式如图5.9所示，原型渠道温度状况和冻胀情况参见表5.4和表5.5。

表 5.4 渠道不同位置处冬季温度

部 位	月平均表面温度/℃			冻结期
	12 月	1 月	2 月	
阴 坡	−4.50	−6.06	−3.27	12 月 13 日至次年 3 月 8 日
渠 底	−2.00	−2.80	−0.60	12 月 13 日至次年 3 月 8 日
阳 坡	−1.26	−1.73	−0.10	12 月 13 日至次年 3 月 2 日

表 5.5 原型渠道冻胀情况

部 位	渠床土质	冻深 h/cm	冻胀量 Δh/cm	冻胀率 η/%
阴 坡		65	6.9	10.62
渠 底	粉质壤土	42	7.6	18.10
阳 坡		19	0.6	3.16

注 r 为弧形衬砌板半径。

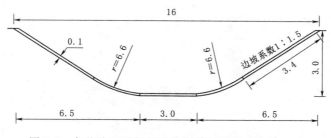

图 5.9 打渔张五干渠弧形坡脚梯形渠道（单位：m）

"适变断面"渠道采用与图5.9所示相同的弧形坡脚梯形断面形式和相关数据。为增强渠底坡角的抗冻胀能力，采用边坡衬砌与渠底、弧形坡脚不等厚度措施，即边坡厚为7cm，渠底及弧形坡脚厚为8cm，下设厚度2~3cm低标号砂浆找平层，塑膜防渗。弧形坡脚及渠底共有4条纵向伸缩缝，每条纵缝宽3cm，内填2cm厚塑料胶泥和4cm厚体积比为4:1锯末水泥。

有限元模型计算情况为：①弧形坡脚梯形渠道冻胀数值模拟；②"适变断面"渠道冻胀数值模拟。

有限元模型是在原渠道基础上的简化，基础从底板向下取 250cm，左右边界取

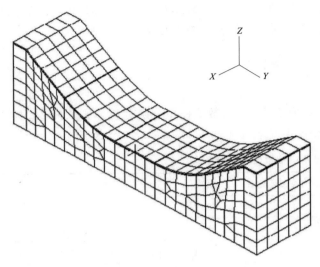

$$图 5.10\quad 有限元网格$$

100cm，如图 5.10 所示。温度场计算中，上边界温度取原型渠道相应部位月平均表面温度最小值（表5.4），下边界温度取 10℃，左右边界近似为绝热；约束条件为 X 向和 Y 向位移为 0，渠底基土下边界加向约束。塑料薄膜采用四结点壳单元模拟，即 MITC4shell，在 ADINA 软件中已具有其很好的算法和精度；应用 Spring（弹簧、阻尼）单元模拟填缝材料，以充分发挥纵缝的变形功能。

2. 计算参数

温度场计算仅与导热系数 λ 有关，取基土冻结时导热系数 $\lambda_f =$ 1.9870W/(m·℃)；进行热力耦合计算时，视冻胀系数为负线胀系数，按各向同性考虑，基土冻胀系数统一取为 $\eta/T_{\min}$，η 为冻胀率（表 5.5），$T_{\min}$ 为相应部位月平均表面温度最小值；基土弹性模量与 4.3 节一致，泊松比 $\nu = 0.33$。

塑料薄膜对整体导热影响较小，忽略其对温度场的影响；其不同温度下的允许应力和弹性模量见表 5.6，泊松比取为 0.22；设定薄膜与冻土之间的摩擦系数为 0.6，与衬砌板的摩擦系数为 0.4。其他材料力学参数见表 5.7。

表 5.6　　　　　　　　　　　允许应力和弹性模量

温　度/℃	允许应力 σ/MPa	弹性模量 E/MPa
10	2.8	57.4
5	3.0	67.2
0	3.1	80.6
-5	3.3	98.0
-10	3.5	120.0

表 5.7　　　　　　　　　　材　料　力　学　参　数

介　质	弹性模量 E/Pa	泊松比 ν	导热系数 λ/[W/(m·℃)]	线膨胀系数 α/℃
混凝土	2.4×10^{10}	0.167	1.58	1.1×10^{-5}
砂浆	2.0×10^{10}	0.20	1.54	1.1×10^{-5}
填缝材料	2.0×10^{5}	0.45	1.21	0

5.2.4 变形场和冻胀力分析

1. 变形场分析

图 5.11 为弧形坡脚梯形渠道与"适变断面"渠道法向冻胀量比较图。

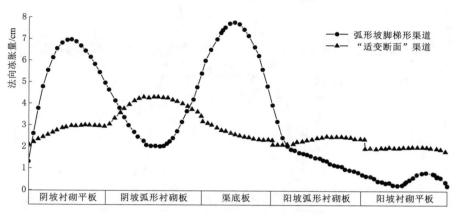

图 5.11 法向冻胀量比较

对于弧形坡脚梯形渠道,渠底变位最大,阴坡次之,阳坡变位最小。就渠底板冻胀变形而言,冻胀变形呈中部大两端小;这是因为渠底板比较宽,两端弧形坡脚对其中部约束作用较小导致变位最大。弧形衬砌板的反拱作用使得弧形坡脚处冻胀量较边坡和渠底急剧减小,符合工程实际。阴坡、渠底、阳坡的最大冻胀量分别为 7.12cm、7.73cm、0.84cm,与表 5.5 中实测值基本吻合,最大误差为 28.57%,计算结果基本满足精度要求。

同弧形坡脚梯形渠道相比,"适变断面"渠道阴坡、渠底冻胀量明显减小,其最大值分别为 4.38cm、3.47cm,较弧形坡脚梯形渠道分别降低 38.48%、55.11%。

为较准确地评价法向冻胀量整体分布的不均匀程度,本文采用衬砌板表面节点冻胀量均方差 S 作为评价指标,即

$$S = \sqrt{K[n - K(n)]^2} \tag{5.2}$$

式中: n 为节点冻胀量; $K(n)$ 为冻胀量平均值。

均方差 S 越大,表示渠道整体冻胀变形越不均匀,抗冻胀效果越差。计算弧形坡脚梯形渠道和"适变断面"渠道冻胀量均方差,分别为 2.435×10^{-2} m、1.012×10^{-2} m。"适变断面"渠道较弧形坡脚梯形渠道冻胀变形分布更加均匀,因此抗冻胀效果显著。

纵向伸缩缝处法向冻胀量发生明显变化,显示相邻衬砌板之间存在法向方向的错位,错位值总计为 1.3cm;错位的存在使"适变断面"渠道能够释放法向变位,从而使法向变位分布均匀化。通过测距工具计量,"适变断面"渠道纵向伸缩缝周向压缩值总计为 9.7cm。

结果说明:与利用窄缝释放不均匀法向冻胀变形的抗冻胀机理相比,宽纵缝周向压缩是冻胀减小的又一原因,进一步揭示了"适变断面"渠道通过宽纵缝同时释放法向及吸收周向冻胀变形来降低冻胀力及使冻胀量分布均匀的抗冻胀机理。

2. **法向冻胀力**

弧形坡脚梯形渠道与"适变断面"渠道的衬砌板下表面法向冻胀力如图 5.12 所示。

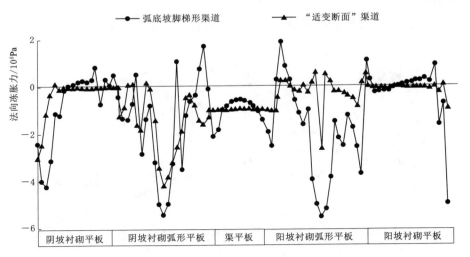

图 5.12　法向冻胀力比较

（正号表示拉应力，负号表示压应力）

对于弧形坡脚梯形渠道，阴坡上部最大法向压应力为 4.25×10^5 Pa，阴坡弧形坡脚处最大法向压应力为 5.45×10^5 Pa；阳坡冻胀力分布与阴坡相似，阳坡上部最大值为 5.02×10^5 Pa，弧形坡脚处最大值为 5.51×10^5 Pa，二者均属于压应力；渠底靠近阳坡处法向压应力较大，数值为 2.42×10^5 Pa；阴坡和阳坡个别地方存在法向拉应力，最大值出现在阳坡弧形坡脚处，数值为 1.84×10^5 Pa。

综上，弧形坡脚梯形渠道法向冻胀力整体分布规律为沿坡面上小下大，两坡大于渠底；阴阳两坡弧形坡脚处均存在较大法向应力，这与实际工程中该处极易产生裂缝的现象吻合。

"适变断面"渠道与弧形坡脚梯形渠道法向冻胀力分布规律相似，阴坡、渠底、阳坡的法向应力最大值分别为 4.17×10^5 Pa、1.17×10^5 Pa、2.73×10^5 Pa，较弧形坡脚梯形渠道显著降低，渠底处最为明显，最大减小 51.65%，且冻胀力分布更加均匀。

3. **切向冻结力**

图 5.13 中，弧形坡脚梯形渠道渠坡上部周向压应力较大，是由弧形衬砌板变位时沿坡面向上的顶胀与渠顶约束共同造成的；弧形坡脚处存在较大周向拉应力，部分节点的周向拉应力甚至超过混凝土极限抗拉强度，属于渠道容易破坏的部位，同前文"弧形坡脚处均存在较大法向应力，极易产生裂缝"的结论相吻合。

同弧形坡脚梯形渠道相比，"适变断面"渠道纵向伸缩缝吸收了衬砌板周向位移，降低了切向冻结力，最大降低了 56.85%；同时使切向冻结力分布更加均匀，尤以渠底板处明显。除此之外，弧形坡脚处周向拉应力消失，降低了混凝土衬砌的破坏程度，提高了渠系工程的使用寿命。

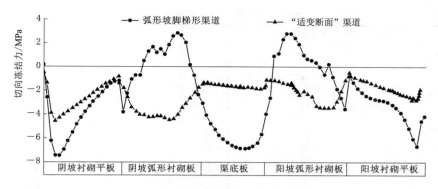

图 5.13 切向冻结力比较

（正号表示拉应力，负号表示压应力）

5.2.5 "适变断面"对渠坡系数敏感性分析

"适变断面"边坡系数对渠道抗冻胀效果具有十分重要的影响。在前文"适变断面"渠道冻胀数值模拟的基础上，可得

$$n = n(i, r, h, l_1, l_2) \tag{5.3}$$

边坡系数 i、弧形衬砌板半径 r、渠道高度 h、渠坡衬砌平板长度 l_1 和渠底板长度 l_2 是决定"适变断面"断面尺寸的 5 个因素（图 5.14），不同的渠道断面，其冻胀量不同。

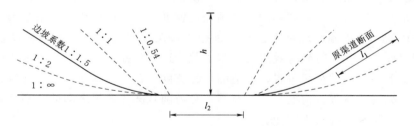

图 5.14 "适变断面"渠道趋势

将式（5.3）代入式（5.2），可得

$$S = S(i, r, h, l_1, l_2) \tag{5.4}$$

均方差 S 即为"适变断面"渠道在不同断面尺寸情况下抗冻胀效果的衡量指标。

原模型中 $h = 3\mathrm{m}$，$l_1 = 3.4\mathrm{m}$，$l_2 = 3\mathrm{m}$，假设这 3 个因素不变。调整边坡系数 i 如图 5.14 所示，当 $i_{max} = 1 : 0.54$ 时，$r_{min} = 0$，断面形式为梯形；$i_{min} = 0$ 时，整个断面成为一条直线；对不同边坡系数进行大量计算，经回归计算得，$r = 2.5189 i^{-2.3794}$，$R^2 = 0.9790$。

此时，边坡系数 i 是影响 S 值的唯一因素。建立不同边坡系数 i 情况下的"适变断面"渠道有限元模型，计算相应的 S 值（表 5.8）。通过多元线性回归分析，建立边坡系数 i 和 S 值的关系模型：

$$\left.\begin{array}{l} S = 8.074 i^4 - 31.675 i^3 + 45.330 i^2 - 27.624 i + 7.047 \\ R^2 = 0.9761 \end{array}\right\} \tag{5.5}$$

表 5.8　　　　　　　　　　　　　　　　不同边坡系数 i 对应的均方差值

边坡系数 i	均方差 $S/10^{-2}$	边坡系数 i	均方差 $S/10^{-2}$
1：0.75	1.235	1：1.60	1.015
1：0.90	1.189	1：1.70	1.013
1：1.00	1.152	1：1.80	1.017
1：1.10	1.093	1：1.90	1.038
1：1.20	1.056	1：2.00	1.112
1：1.30	1.016	1：2.15	1.185
1：1.40	1.020	1：2.30	1.265
1：1.50	1.012	1：2.50	1.463

视式（5.5）为目标函数，将 $0 < i < (1：0.54)$ 作为约束条件，计算 S_{min}。可得当 $i = 0.647$ 时，$S_{min} = 0.986$。综合论述，在实际工程中，边坡系数 i 近似取为 $1：1.7 \sim 1：1.4$ 时，S 值相对较小，冻胀变形分布比较均匀，抗冻胀效果明显。

5.3　渠道"适缝"防冻胀技术

5.3.1　技术简介

以大型弧底梯形渠道为例，进行"适缝"防冻胀技术简介，如图 5.15 所示。该技术的基本理念是在可能发生冻胀破坏的位置预先设置纵缝以释放不均匀冻胀变形，是一种简单有效且耐久的工程措施。现有工程施工过程中，在衬砌板尺寸较大时需设置纵向伸缩缝，但"如何设置"并未得到有效解决。基于此，进一步提出"适缝"防冻胀技术，指适应基土冻胀变形的合适的纵缝位置、合适的纵缝宽度、合适的纵缝个数及其组合，该技术的关键是量化纵缝的位置、宽度、个数及其组合与削减冻胀效果之间的关系，解决"纵缝如何设置"的科学和工程技术问题。

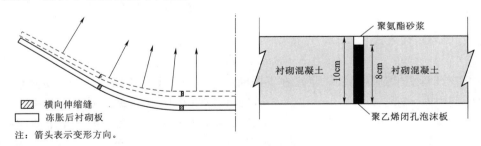

图 5.15　渠道纵缝布置

5.3.2　技术要点

针对于此技术，纵缝位置、纵缝宽度、纵缝个数及其组合对削减渠道冻胀破坏至关重要，不恰当的纵缝布设方式会引起衬砌板应力过大，引起强度破坏。因此有必要对此技术进行如下研究：

（1）纵缝位置、宽度及个数对渠道衬砌板应力的影响规律。

（2）"适缝"防冻胀机理。

（3）纵缝的最优布设形式。

针对以上问题，采用4.2节渠道冻胀水-热-力耦合数值模型手段，土体渗透系数采用如下方程修正，分析纵向伸缩缝布设对渠道冻胀的影响规律及其防冻胀效果。

$$k=\begin{cases} k_0\left[1-(T-T_0)\right]^\beta & T\leqslant T_0,y<\text{sep} \\ k_0 & T>T_0,y<\text{sep} \\ 0 & y\geqslant\text{sep} \end{cases} \tag{5.6}$$

式中：k为土体渗透系数，m/s；k_0为未冻土渗透系数，m/s；T_0为土壤水冻结温度，℃；sep为冰透镜体位置，m；β为试验参数。

5.3.3 渠道"适缝"防冻胀技术数值模型

1. 基本理论

渠道冻胀水-热-力耦合数值模型和衬砌-冻土相互作用的接触模型采用4.2节模型，纵缝填充模型基本理论如下：

渠道工程常在衬砌板上设置纵缝，以适应渠基土变形，减少破坏。纵缝内部宜填充粘结力强、变形性能大、耐老化的柔性材料，如沥青砂浆、焦油塑料胶泥等，而聚氨酯砂浆因施工方便、适应变形能力强、对寒区气候适应性好等特点而被广泛使用。选取新疆某供水工程中采用的纵缝进行模型建立，缝内填充聚乙烯闭孔泡沫板，并采用聚氨酯砂浆灌缝止水。

渠道冻胀变形过程中纵缝主要发生挤压和分离等行为。纵缝两侧的衬砌板和底部的基土对纵缝变形形成强约束作用，在衬砌板挤压纵缝时，其挤压刚度先基本不变，在达到其极限挤压变形时，等同于纵缝闭合的状态，此时相当于衬砌板直接接触；衬砌板在基土冻胀产生弯曲张拉时，在拉伸应变达到纵缝填充-衬砌板黏结强度下的极限拉应变时，纵缝将会产生分离，其变形行为与面板坝中的面板间竖缝基本一致，因此可借鉴面板竖缝的模拟方法，以反映渠道衬砌板间纵缝的变形特点。纵缝宽度为1~4cm，采用无厚度弹性薄层单元可避免纵缝宽度过小而无法进行网格划分的问题，并可较好地将面板间竖缝的模拟方法应用到渠道衬砌板间纵缝模拟，其理论方程见4.2节。通过对法向刚度进行修正，从而提出纵缝填充接触模型。

$$k_{\text{An}}=\begin{cases} 0 & u_{\text{nl}}-u_{\text{ns}}>\varepsilon_t b \\ E_{\text{jt}} & 0<u_{\text{nl}}-u_{\text{ns}}<\varepsilon_t b \\ E_{\text{jc}} & -\varepsilon_c b<u_{\text{nl}}-u_{\text{ns}}<0 \\ E_c & u_{\text{nl}}-u_{\text{ns}}<-\varepsilon_c b \end{cases} \tag{5.7}$$

式中：E_{jt}、E_{jc}、E_c分别为纵缝法向张拉、挤压和混凝土模量，MPa；ε_t、ε_c分别为纵缝极限张拉、挤压应变值；u_{nl}、u_{ns}分别为纵缝上、下侧衬砌板法向位移值，m；b为纵缝宽度，m。

2. 评价指标

混凝土衬砌属于薄板壳结构，全断面正应力分布特征可反映其适应基土冻胀变形的能力。而极差是评价一组数据离散度最简单的方法，可用来衡量衬砌正应力分布的不均匀性，极差越小，表示数据的离散程度越小，即自身受力越均匀。基于此，引入正应力分布均匀度指标，即未设缝与设缝后的衬砌板正应力极差之差值，除以未设缝的正应力极差进行归一化处理。

$$S = \frac{R_{\sigma\_未设缝} - R_{\sigma\_设缝}}{R_{\sigma\_未设缝}} \tag{5.8}$$

式中：S 为正应力分布均匀度；$R_{\sigma\_未设缝}$、$R_{\sigma\_设缝}$ 分别为未设缝和设缝后衬砌板的正应力极差。

该指标既可表示衬砌板受力均匀化的程度，也可反映出衬砌板削减冻胀的程度。该值越大，表示衬砌板受力越均匀，应力状态改善越明显，削减冻胀效果越好。然而该指标无法界定衬砌板是否发生破坏，故引入强度指标。综上，选取衬砌板上下表面沿渠周长正应力分布均匀度为一级评价指标，以强度为二级评价指标，可合理准确地评价"适缝"防冻胀效果。

3. 有限元模型

以新疆某供水工程大型弧底梯形渠道为工程背景，计算在已知"温-水-土"条件下的寒区渠道不同纵缝设置下的冻胀规律。基于此，深入探索大型弧底梯形渠道"适缝"削减冻胀机理，以求得合理的布设形式。

（1）有限元网格划分。新疆某供水工程渠道设计引水流量 $120\text{m}^3/\text{s}$，正常水位 5.6m，渠深 7.5m，弧底半径 8.47m，坡比 1∶2，C20 混凝土衬砌厚度 10cm，具体断面形式及有限元网格如图 5.16 所示。

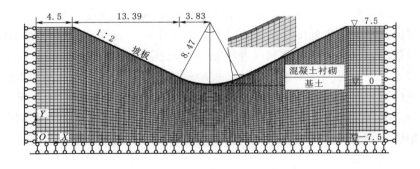

图 5.16 断面形成及有限元网格（单位：m）

（2）计算参数。渠基土为冻胀敏感性强的粉质黏土，其弹性模量随温度变化，见表5.9。衬砌-基土接触面参数由直剪试验及前期试算确定，见表5.10。结合聚乙烯闭孔泡沫板出厂检验报告、聚氨酯砂浆力学试验及文献，选取纵缝填充参数见表5.10。其他参数取自类似工程，见表5.11。地下水位距渠底1.5m，渠基土初始含水量为20%，未冻土渗透系数为 $1\times10^{-7}\text{m/s}$，β 为 -8。

表 5.9		冻土弹性模量及泊松比			
温度/℃	0	−1	−2	−3	−5
弹性模量/MPa	15	19	26	33	46
泊松比	0.33	0.33	0.33	0.33	0.33

表 5.10			接 触 面 参 数				
衬砌—基土			纵 缝 填 充				
k_{At}/(MPa/m)	τ_f/MPa	f	k_{At}/(MPa/m)	E_{jt}/(MPa/m)	E_{jc}/(MPa/m)	ε_t	ε_c
120	0.15	0.8	1	0.8	1	0.66	0.5

表 5.11		材 料 计 算 参 数		
材料	导热系数/[W/(m·℃)]	比热容/[J/(kg·℃)]	弹性模量/GPa	泊松比
混凝土	1.58	0.97	25.5	0.2
土颗粒	1.5	0.92	—	—
冰	2.2	2.1	—	—
未冻水	0.6	4.2	—	—

（3）边界条件确定。温度边界条件：渠道上表面采用对流热通量边界条件，方程为

$$n(\lambda \nabla T) = h_c(T_{ext} - T) \tag{5.9}$$

式中：n 为渠道上边界法向向量；T_{ext}、T 分别为环境温度和地表温度，℃；h_c 为对流换热系数，W/(m²·℃)，与衬砌渠道内风速有关，计算公式为

$$h_c = 3.06v + 4.11 \tag{5.10}$$

结合当地现场监测数据，渠顶风速取 1.83m/s，渠底风速取 1m/s，二者之间采用二次抛物线函数过渡。环境温度取新疆某地区 11 月至 3 月月平均气温，分别为 −4℃、−13.5℃、−16℃、−13.5℃，−5℃，冻结期为 150d。

工程地区土层表面以下 10～15m 处温度常年稳定，鉴于本工程渠深较大，取下边界恒温层深度为 15m，温度值为 8℃。

位移边界条件：渠道上表面自由，底部边界固定，左右边界施加法向位移约束。

（4）计算方案。计算分为三个部分：①以设缝位置、宽度、个数及其组合为变量，分析不同设缝工况对削减冻胀效果的影响规律；②探讨"适缝"防冻胀机理；③基于上述规律，提出"适缝"的布设方式，包括纵缝位置、宽度和数量的最优组合。

5.3.4 纵缝位置及缝宽削减冻胀效果分析

1. 弧底梯形渠道冻胀破坏特征

衬砌板未设缝情况下，弧底梯形渠道变形特点及其截面正应力分布如图 5.17、图 5.18 所示。图中拉为正，压为负，水平虚线表示混凝土抗拉（1.1MPa）及抗压强度（−9.6MPa）设计值，下同。

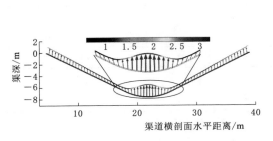

图 5.17 衬砌板法向冻胀量及
变形趋势图（放大系数 65）

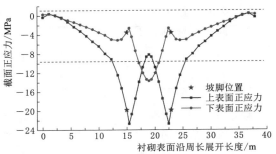

图 5.18 衬砌板截面正应力沿
渠周分布曲线

由图 5.17 可知，衬砌板在渠基土冻胀变形作用下，呈现出弧底局部向上隆起，坡脚受挤压约束明显，下半段坡板向上挤压，渠口内缩，衬砌整体上抬的变形趋势。弧底板法向冻胀变形量最大，坡脚位置法向冻胀变形量最小，且存在弯曲的变形趋势。结合其正应力分布（图 5.18）可知，在冻胀力作用下，弧底段 "反拱" 的拱效应使其整体以受压为主，同时，现浇一体化边坡衬砌板在坡脚附近上表面挤压应力值最大；在坡板下半段，向上的挤压变形导致其上下表面仍以受压为主；而在上半段接近渠顶位置，呈现由上下表面同时受拉，转变为上表面受压、下表面受拉的弯曲状态。其中，上、下表面压应力极值分别出现在坡脚附近（23MPa）和弧底中心（14MPa），均大于混凝土强度设计值，易出现挤压破坏，同时，渠顶衬砌板下表面产生的拉应力可能会产生拉裂破坏。

2. 纵缝位置削减冻胀分析

纵缝可减少板间约束，削减渠道冻胀破坏。为探究纵缝位置对渠道防冻胀效果影响，结合《水工建筑物抗冰冻设计规范》（GB/T 50662—2011），以纵缝宽度 1cm 为例，基于上一节结果，在应力值较大位置处（弧底中心、坡脚、1/4 坡板位置）设缝，衬砌板正应力分布如图 5.19 所示。纵缝位置除弧底中心外，其余均为渠道衬砌板左右对称设缝。

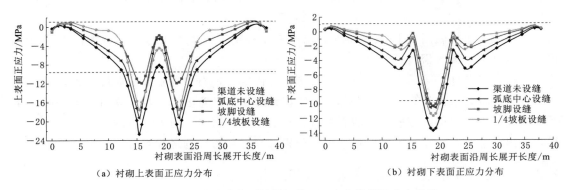

（a）衬砌上表面正应力分布　　　　　　　（b）衬砌下表面正应力分布

图 5.19 不同纵缝位置衬砌板截面正应力沿渠周分布曲线

由图 5.19 可知，纵缝可显著减少衬砌板受到的压应力值，逐渐靠近强度安全区域，拉压应力极值差减少，自身受力均匀化。但会导致上半段坡板拉应力区增大，尤其是上表面拉应力值较大。

坡脚设缝可最大限度地减少压应力极值，削减衬砌板应力达47.6%，效果最好；随着纵缝位置远离坡脚，上、下表面压应力极值逐渐增加，远离强度指标。

从弧底中心开始，向渠顶方向移动设置纵缝，其上下表面平均正应力分布均匀度如图5.20所示。

从图5.20可以看出，衬砌板设缝均可提高正应力分布均匀度，改善应力状态，防冻胀效果较好，其效果与纵缝设置位置关系极大。随着纵缝位置远离弧底中心，正应力分布均匀度逐渐增加，至坡脚位置时，正应力分布均匀度最大，为33.7%；随着纵缝位置远离坡脚，正应力分布均匀度逐渐降低，至3/4坡板位置时，基本无变化。

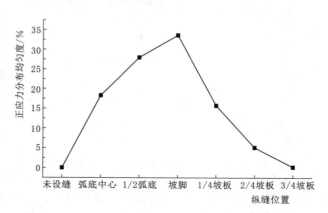

图5.20 正应力分布均匀度随纵缝位置变化曲线

结合上述分析可知，正应力分布均匀度可准确描述出衬砌板正应力数据分布的离散程度，可直观反映出衬砌板适应冻胀变形的能力和纵缝削减冻胀的效果，结合强度指标亦可判断衬砌板是否发生破坏，表明采用上述两级评价指标更为合理，可综合分析"适缝"防冻胀的效果。

综合衬砌板正应力分布均匀度及其正应力分布可知，坡脚设缝防冻胀效果最好，随着纵缝位置从坡脚向渠顶方向或从坡脚向弧底中心移动时，削减冻胀效果逐渐降低，但需注意设缝所导致的较大拉应力值问题。

3. 纵缝位置削减冻胀分析

选取衬砌板的典型位置设缝，即弧底中心、坡脚、1/4坡板位置处，取纵缝宽度为1～3cm，衬砌板上下表面平均正应力分布均匀度如图5.21所示。

由图5.21可知，正应力分布均匀度随纵缝宽度的增加而逐渐增加，坡脚纵缝宽度达1.5cm，弧底中心纵缝宽度达2.5cm后，基本趋于平稳。而坡板纵缝宽度对正应力分布均匀度影响很小，宽度1cm即可满足要求。坡脚设缝正应力分布均匀度最高，为46.4%，而坡板设缝最低，为16.8%。对上述不同纵缝宽度衬砌板表面最大拉、压应力值进行分析，如图5.22所示。

由图5.22可知，单独设缝时不论何处设缝，随着纵缝宽度的增加，衬砌板最大压应力值均随之减少，而最大拉应力却缓慢增大。坡脚纵缝宽度大于1.5cm时，虽然局部拉应力较

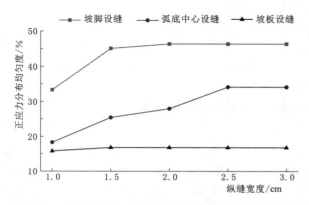

图5.21 衬砌板正应力分布均匀度随纵缝宽度变化曲线

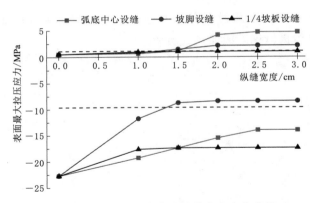

图 5.22 衬砌板正应力随纵缝宽度变化曲线

大，但最大拉、压应力最靠近衬砌板强度安全区域；弧底中心和坡板设缝都偏离强度安全区域较远。

综合正应力分布均匀度及其正应力分布可知，单独设缝时坡脚设缝削减冻胀效果最好，而后为弧底中心或坡板位置。但缝宽选择需慎重，尤其是弧底中心设缝，以减少额外的拉裂破坏。

不同宽度纵缝位置处变形值见表 5.12，纵缝以吸收板间挤压变形为主，切向变形为辅，从而改善衬砌板受力。但其变形值较小，即该措施以减少衬砌板受到的冻胀力为主，而对冻胀变形无明显影响。纵缝的挤压变形值随宽度增加而逐渐增大，至一定宽度后，不再变化。坡脚纵缝宽度为 1.0cm、1.5cm 时，挤压应变值大于纵缝的极限压应变，即此时纵缝的宽度并不能将衬砌板的挤压变形完全吸收掉，板间推力依然较大；在宽度为 2.0cm 时，纵缝挤压位移增加很小，且并未达到极限压应变，说明此宽度已可将板间挤压变形完全吸收掉，结合 3.0cm 宽度结果可知，再增加缝宽将不会进一步吸收挤压变形。结合表 5.12 可知，弧底中心纵缝最大宽度 2.5cm，坡板 1.0cm 基本可满足要求，与应力分布均匀度及正应力分布结果一致。

表 5.12 纵 缝 处 变 形 值

位　置	宽度/cm	挤压位移/cm	切向位移/cm
坡脚	1	0.502	0.085
	1.5	0.752	0.068
	2	0.801	0.064
	3	0.801	0.064
弧底中心	1	0.504	3.9×10^{-6}
	2	1.025	3.8×10^{-6}
	2.5	1.248	1.3×10^{-6}
	3	1.248	1.3×10^{-6}
1/4 坡板	1	0.501	0.019
	2	0.525	0.018

4. 纵缝个数及其组合削减冻胀效果分析

不同纵缝位置处吸收衬砌板挤压变形值决定了衬砌板的受力状态，对削减冻胀效果影响较大。本节拟采用组合设缝方式，纵缝位置组合：弧底＋坡脚，弧底＋坡板，坡脚＋坡板，弧底＋坡脚＋坡板，组合中每种纵缝的宽度皆一致。结合上文结果，以弧底中心代表弧底设缝位置，1/4 坡板代表坡板设缝位置，纵缝宽度拟分别取 1.0cm、1.5cm、2.0cm，其正应力分布均匀度及最大拉、压应力值见表 5.13。同时以纵缝宽度 1.0cm 为例，对其正应力分布情况进行分析，如图 5.23 所示。

表5.13　　　　　　　　　　正应力分布均匀度 S 及最大拉、压应力值

组合方式	宽度/cm	S/%	最大拉应力/MPa	最大压应力/MPa
弧底＋坡脚	1	42.43	4.28	8.29
	1.5	52.54	5.11	5.84
	2	53.09	5.18	5.75
弧底＋坡板	1	30.91	1.33	14.74
	1.5	31.34	3.85	13.52
	2	34.54	4.49	12.74
坡脚＋坡板	1	40.02	1.46	9.47
	1.5	46.08	2.01	8.45
	2	45.88	2.21	8.35
弧底＋坡脚＋坡板	1	45.80	4.37	7.24
	1.5	52.50	5.08	5.86
	2	52.93	5.19	5.76

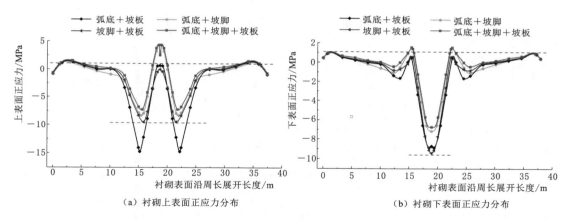

（a）衬砌上表面正应力分布　　　　　　　（b）衬砌下表面正应力分布

图5.23　纵缝宽度1cm时衬砌板截面正应力沿渠周分布曲线

由表5.23可知，相比于单独设置等宽度纵缝情况下，组合设缝均能进一步减少衬砌板受到的压应力值，应力分布均匀化，削减冻胀效果增加。

随着组合纵缝的总宽度增大，压应力极值削减幅度逐步增加，正应力分布均匀度及拉应力极值呈增大趋势。结合图5.23可知，在纵缝宽度为1.0cm的情况下，坡脚上表面及弧底中心下表面压应力极值减少，拉应力过大值主要发生在弧底中心和坡板上表面及坡脚附近下表面。

结合表5.13、图5.23可知，弧底＋坡脚组合设缝正应力分布均匀度最大，但局部位置拉应力值过大；坡脚＋坡板组合设缝次之，二者正应力分布均匀度相近，且最大拉应力值较小；弧底＋坡板组合设缝下衬砌板的应力分布均匀度最小，且在纵缝宽度较大时，拉应力值过大。相较于两种纵缝位置组合设缝，弧底＋坡脚＋坡板组合设缝下正应力分布均匀度及拉、压应力值变化不大，效果并不显著。

综合正应力分布均匀度及强度指标，坡脚＋坡板组合设缝最优，在具体应用时，应在满足混凝土强度指标的基础上保证应力分布均匀度最大，即为纵缝的最优布置方式。

5."适缝"防冻胀措施工程应用

基于上述分析结果，对上述新疆某大型供水渠道的最优纵缝布置形式进行计算。

由图5.19、图5.22可知，单独设缝无法使衬砌板应力满足强度要求。由表5.13、图5.23可知，坡脚＋坡板组合设缝可使压应力满足要求，且拉应力超强度值不大。经过计算，得出纵缝最优布置方式：坡脚＋1/4坡板＋3/4坡板组合设缝，缝宽皆为1.0cm，此时衬砌板截面拉应力为0.57MPa，压应力为9.47MPa，冻胀应力削减50％以上，应力分布均匀度最大为43.8％，满足两级指标要求。

5.3.5 "适缝"防冻胀机理探讨

以坡脚、弧底中心设缝为例，分析其轴力及弯矩沿渠周分布情况，对"适缝"防冻胀机理进行分析，如图5.24所示。

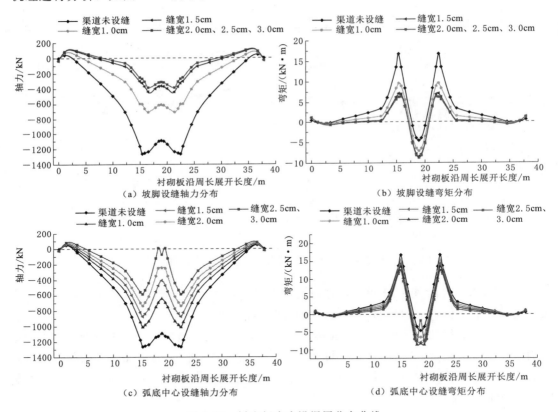

图5.24 衬砌板内力沿渠周分布曲线

（轴力拉为正，压为负；弯矩向下凸为正值，向上凸为负值；水平虚线表示值为0；
图（a）、（b）中缝宽大于2.0cm后轴力、弯矩值一致，图（c）、（d）中缝宽大于2.5cm后轴力、弯矩值一致）

由图5.24可知，设缝与不设缝时坡脚附近出现最大正弯矩，而弧底中心出现最大负弯矩值；缝宽增加，弧底最大负弯矩逐渐增加，但坡脚设缝最大正弯矩及轴向压力削减得更快。

随着缝宽增加，坡板处轴向拉力增加，压力减小；弧底设缝不仅使坡板顶部以拉为主，弧底也可能出现拉力，而坡脚设缝弧底不出现拉力区。

轴力图呈现 W 形分布，而弯矩图呈现 M 形分布，从构件受力来看上部坡板属于受拉杆件，下部坡板为压弯梁构件，弧底板为两端正负弯矩作用的压弯曲梁构件。

渠道纵缝可吸收冻胀变形，结合轴力、弯矩分布对衬砌结构进行模型概化：纵缝可视为弹性铰支座，缝宽增大刚度减少；未设缝时，弧底段为无铰拱，坡板为承受轴压和横向冻胀力作用下坡脚固支、坡顶简支的超静定梁；弧底中心设缝，可视为拱顶设弹性铰的曲梁，坡板结构不变但跨度增大；坡脚设缝，弧底板可视为坡脚设弹性铰的两铰拱，坡板简化为承受轴向推力和法向冻胀力的两端铰支梁；设缝位置沿坡板从弧底向坡顶移动可视为不断缩短坡板简支梁间距和延长弧底段拱脚长度，最终不断调整衬砌结构刚度和内力分布，达到优化衬砌结构体系防冻胀破坏能力的目的。

5.4　本章小结

基于旱寒区渠道冻胀破坏机理、规律和特征，结合渠道水-热-力三场耦合冻胀模型，提出了冻融适变、刚柔结合、抗适协调等防渗衬砌抗冻胀理念，形成了旱寒区输水渠道抗冻胀的"适膜""适变"和"适缝"等三种新技术，成果如下：

（1）"适膜"防冻胀技术可有效削减冻胀。适当的膜间摩擦力可以解除部分冻结约束，调整局部不均匀冻胀，而且发挥弧底反拱作用不产生拉应力。采用 PE 膜与无纺布作为层间接触的双膜衬砌结构，冻胀位移方差减小 25%，整体位移增加不超过 0.2cm，削减冻胀应力 50% 以上，适用于窄深渠道和宽浅渠道。

（2）"适变"防冻胀技术效果明显，渠道受力状态得到显著改善，冻胀变形分布更加均匀。实例表明实用该技术后，最大法向冻胀量降低 55.11%，最大法向冻胀力降低 51.65%，最大切向冻结力降低 56.85%。

（3）"适缝"防冻胀技术效果明显，渠道适应变形能力增强。单独设缝时坡脚位置设缝防冻胀效果最好，而组合设缝削减冻胀效果更优，尤其是坡脚与坡板组合设缝。以新疆某供水渠道为例，采用坡脚与坡板 1/4、3/4 处组合设缝，缝宽取 1.0cm，削减冻胀效果最优。

第6章　渠道机械化快速施工装备与技术体系

国内外大型渠道工程，传统方法施工时土石方开挖和填筑采用机械化手段，后续的混凝土衬砌铺设基本未能实现机械化施工，这一技术手段普遍存在工程造价偏高且效率偏低的问题。目前，寒区大型供水明渠断面形式以梯形断面为主，在"水力＋抗冻胀"双优指导思想下对现有渠道进行升级改造或新修渠道断面设计时，为实现全面机械化施工，提高效率且降低工程造价，需配套一部涉及曲面混凝土施工、机械一体化施工等一系列关键技术、材料、装备和工法的成套工艺。

6.1　渠道机械化施工技术及装备研发

机械化施工技术在缩短工期、提高质量、节能环保等方面均有优势。渠道机械化衬砌技术在国外已有几十年的发展历史。目前，国际上大型渠道衬砌设备的生产厂家主要有意大利 Massenza 公司、美国 Gomaco 公司、美国 G&Z 公司、美国 RachoHasson 公司和德国 Wirtgen 公司等。这些公司的产品大都采用燃油机为动力，集机械、液压和自动化于一体。早期的机械化设备以燃油动力为主，在固定断面通过液压传动进行配料作业；少量的振动碾压衬砌机可实现导轮行走功能，辅以手动操作找正；后期衬砌设备发展为具备自动导向、找正功能的履带式行走设备，可实现纵向行走作业，大幅提升了设备性能和工作效率。美国在混凝土衬砌渠道建设方面已全面实现机械化施工，包括渠槽开挖、膜料铺设以及防护层布置等一系列过程；在中小型 U 形混凝土衬砌渠道方面，日本采取了工厂化预制混凝土构件和现场浇筑相结合的施工方式，具有机械化程度高、进度快等特点。

山东省水利厅曾于 1988 年购进美国 Gomaco 公司两套 C-450 渠道衬砌机，用于引黄济青输水渠道衬砌施工，为我国大型渠道机械化衬砌技术的应用和研制积累了宝贵的经验。从衬砌成型技术方面，渠道衬砌设备可分为滚筒衬砌机和滑模衬砌机。滚筒设备行走有履带式和导轨式两种；滑模衬砌机由于自重较大，采用履带行走，自动升降和自动导向。两种衬砌设备均需配置混凝土维护工作台车。

随着我国渠道工程建设的不断发展，国内机械化衬砌施工技术日臻成熟。山东省水利勘测设计院于 2003 年完成了对美国 Gomaco 公司 C-450 渠道衬砌机的技术改造。主要采取的措施有：①在衬砌小车滚筒支撑架上增加了高频振动器，并在滚筒支撑架和衬砌小车架之间增加了减震器，使衬砌小车碾压的混凝土充分振动密实和减轻对整机的冲击；②衬砌小车的动力由 8.82kW 提高到 14.7kW，相应的液压系统做了改动；③将小车升降驱动部分由渠道底部移至渠道顶部；④重新配置了框架与结构件。经技术改造后的设备，在南水北调工程济平干渠完成了 4 种衬砌结构方案的衬砌施工试验，取得了良好的效果。通过对衬砌混凝土观测和取样试验，表明内部和表面质量均达到了设计要求。改造后的设备，衬砌工效最大为 12m³/h，折合衬砌长度为 12m/h。

2005 年，依托国家南水北调重大技术装备项目"大型渠道衬砌设备的研制"，在吸收国外先进技术、总结经验的基础上，山东省南水北调工程建设指挥部联合山东省水利勘测设计院自主研制开发了 CCFM04 型电动导轨滚筒衬砌设备和 SCFM04 型电动导轨滑模衬砌设备。设备包括铣刨滚筒修坡机、螺旋布料机和滚筒衬砌三部分，主要由行走系统、升降调整系统、框架结构、振动成型系统和自动控制系统等部分组成。布料机可一次均匀地完成坡角、坡面和渠肩的摊铺；成型滚筒振捣采用外置高频电动振捣方式，整机行走速度可实现无级自动调节，可一次完成渠道坡角、坡面和渠肩的振捣、提浆、成型等功能。每台设备配套功率为 25kW，设计衬砌厚度为 8~20cm，该设备已在济平干渠衬砌施工中的得到了应用。在此期间，《渠道混凝土衬砌机械化施工质量评定验收标准》（NSBD 8—2007）的颁布，提升了相关行业的标准化进程。然而，相关设备在实际应用中仍暴露了一些问题，问题总结见表 6.1。从表中可以看出，现有的设备普遍存在机械化程度不高，劳动强度大等问题。

表 6.1   相关渠道机械化设备问题总结

序号	名称	生产公司	存 在 问 题
1	C-450	美国 Gomaco 公司	①碾压成型没有振动密实功能；②顺坡面牵引衬砌小车上下行走，链传动机构出现卡死、爬链的频率很高；③经常出现衬砌小车脱轨现象；④结构件基本锈蚀报废；⑤存在故障多，施工速度慢，衬砌的混凝土不密实，且需人工拖动平板振动器辅助进行混凝土振捣
2	液压导轨滚筒衬砌型	—	皮带机布料需要人工辅助摊铺均匀才能满足衬砌机的衬砌要求；不能衬砌渠肩和坡脚；施工速度慢，衬砌工效低，最大 12m³/h。每套设备施工人员约 80 人，存在施工人员多、劳动强度大等问题
3	CCFM04	原山东省水利勘测设计院	施工质量相对较差，施工速度慢，其衬砌工效最大为 15m³/h；需要配备移动发电机组；施工人员较多（每套设备需配备 60 名施工人员）
4	SCFM04		施工速度不及液压滑模衬砌设备，衬砌工效最大 20m³/h；需要配备移动发电机组；施工人员较多（每套设备需配备 60 名施工人员）。导轨式衬砌设备需人工铺设导轨，劳动量大且精度不易控制，自动化程度不高

（1）渠道快速化施工装备应用于寒区渠道，存在以下难点：

1）渠道线路长。高寒区渠道大多位于北方无人区，抢险修复作业组织协调难度较大，大型机械设备进场困难。

2）环境条件恶劣。低温等极端环境，需要考虑设备及施工材料在低温环境下的性能；高寒区渠道穿越茫茫戈壁、雪原，需要相关人员具备较强的业务素质和心理素质，才能保证工作效率。

（2）由上述分析可知，高寒区渠道快速化施工装备的性能应满足下列要求：

1）良好的施工效率。

2）设备运输、进场便利，环境适应性强。

3）在衬砌、混凝土成型等施工质量环节上具有保障。

针对寒区供水渠道升级改造及新修渠道所涉及的关键问题，围绕寒区渠道快速化施工装备的性能要求，通过自主创新与集成创新，广泛收集国内外专题研究相关设备的技术信息，并对各类大型圆弧梯形混凝土衬砌机、现浇大面积薄壳混凝土分缝设备及其表面成型设备的关键设备技术、辅助设备技术、系统集成技术进行多方调研，吸收先进技术与经验，研制出寒区大型渠道快速化施工成套装备，主要包括高寒区渠道弧形渠底混凝土滑模衬砌机、高寒区渠道多功能混凝土表面成型机、高寒区渠道多功能混凝土置缝机等。

6.1.1　高寒区渠道弧形梁底混凝土滑模衬砌机

该设备主要包括行走系统、混凝土振捣系统、布料系统、液压升降系统、上料系统以及卷扬装置等组成，如图 6.1 所示。行走系统与上料系统连接，包括斜坡主框架、导料槽和输送料带，导料槽的出料口正对所述输送料带上端部；布料系统包括衬砌主框架和布料部件，布料部件为转向相反的一对布料螺旋，在两布料螺旋接头的上方安装有集料斗；混凝土振捣系统负责振捣密实等操作；液压升降系统用于机械对准、复位。该设备做到了机械化施工，施工行走速度最大可达 4.4m/min，配备有 120°振捣棒，日推进速度可以达到 200m。该设备较现有的混凝土衬砌施工方式有以下几点优势：

（1）用于弧底渠道混凝土衬砌施工的滑模衬砌机实现了寒区现场渠底混凝土的自动摊铺。

（2）克服了传统渠道混凝土衬砌机械施工中常遇到机械与渠底无法匹配的问题，施工过程中可按渠底不同弧度要求自动控制。

（3）研发的弧底渠道混凝土滑模衬砌机既可适应标准断面，又能适应发生变形的断面，极大提高了渠道现场的工作效率。

6.1.2　高寒区梁道多功能混凝土表面成型机

该设备总成为圆柱形辊式结构，在圆形滚筒上布设多把抹刀，抹刀振动提浆抹面，垂直作用于混凝土表面，工作时与混凝土表面呈线性接触，只产生表面成型，它对伸缩缝和诱导缝中已布置的闭孔塑料板不会产生位移影响如图 6.2 所示。同时能够对平面到曲面过渡和曲面甚至是连续曲面的混凝土结构表面实现连续成型作业。将混凝土成型机刀片厚度由 0.9mm 改为 1.1mm，滚筒尺寸宽度由原来的 1.1m 提升至 1.6m，此优化大大提高了成型机的功效，增强了与衬砌机与制缝机的匹配度。该设备克服了传统的圆盘式混凝土表面收光机只适用平面混凝土，不能满足弧形渠底渠道的问题，同时避免了圆盘式混凝土表面收光机需通过与混凝土表面大面积接触，挤压旋转式的收光抹面，对已成型的制缝易位影响。同时，还具有如下几点显著优点：

（1）多功能混凝土表面成型机可在牵引装置带动下往复移动，还可旋转并振动，由此在提浆收光的同时修复衬砌表面缺陷。

（2）弹性减震装置有效减轻了振动电机对行走滑轨和机架总成造成的冲击及振动，降低了施工中的噪声。

（3）多功能混凝土表面成型机适用于渠底和渠坡的衬砌混凝土表面收光成型施工，不论渠底与渠坡相接位置处为尖角还是圆角，成型机均可正常使用。

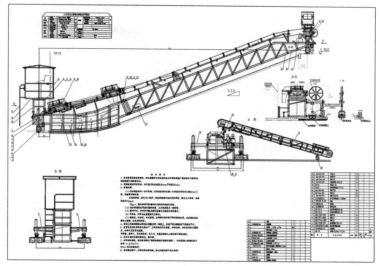

图 6.1 渠道滑模衬砌机

（4）多功能混凝土表面成型机具有混凝土表面自动提浆密实、自动成型和自动收光等多种功能，施工速度快，自动化程度高、提浆密实、成型、收光效果好等优点，它完全取代了以往只能完成平面或梯形渠道衬砌混凝土表面整形且其表面收光必须依靠大量人力来完成的各种混凝土表面整形设备，可用于含有平面和弧面的（包括梯形渠道、圆弧底梯形等）各类渠道或者平面衬砌混凝土衬砌工程表面的提浆、密实、整形、收光机械一体化施工，大大提高衬砌混凝土表面质量，缩短工期，节省大量人工。

6.1.3 高寒区渠道多功能混凝土置缝机

高寒区渠道多功能混凝土置缝机由桁架轨道，制缝机和固定储带盘组成，如图 6.3 所示。具有可在混凝土结构缝内的不同部位同时置入性能各异、形状各异的制缝材料的功能，实现了

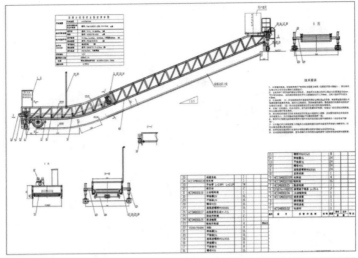

图 6.2　多功能表面成型机

在混凝土塑性阶段分格制缝，避免了切割作业对衬砌底部防渗膜的破坏。该设备可一次性完成浇筑、制缝工序，确保了制缝直达混凝土底部的防渗土工膜，且进入封闭养护期后无穿插工序，解决了传统混凝土收光设备对混凝土塑性阶段制缝材料扰动移位影响的问题。

6.2　渠道机械化装备施工工法

　　以北疆供水渠道升级改造为例，阐述渠道快速化施工装备的实用方法，形成一套适用于渠道快速化施工的施工工法。在北疆供水工程管理单位新疆额尔齐斯河流域开发工程建设管理局的大力协调下，中石化胜利建设工程有限公司、中国水利水电第十六工程局有限公司、中国水电建设集团十五工程局有限公司等渠道升级改造建设单位，按照渠道升级改

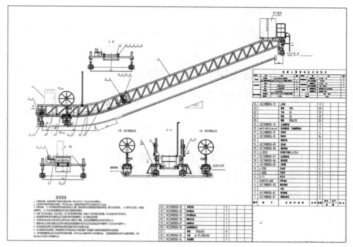

图 6.3 高寒区渠道多功能混凝土置缝机

造与维护混凝土机械一体化施工工法，完成了近 134km 的改造，具体如下所述。

6.2.1 施工准备

（1）依据现行行业标准，按照设计要求配置混凝土料；拌和站设备配置及位置选择应满足质检及环保要求。

（2）应在施工作业前测试混凝土料的和易性、含气量、坍落度等质量指标。在此基础上，确定滑膜衬砌机、制缝机、表面成型机等一体化设备联合作业的行进距离、速率等施工参数，在此基础上，确定施工组织形式和辅助人工配置数量，以及施工操作细则。

（3）一体化设备安装前应重点检查轨道轴线、高程，确保设备运行稳定性。调试遵循"先分动、后联动；先空载、后负载；先慢速、后快速"的原则。

6.2.2 混凝土摊铺

（1）应采用与混凝土厚度相同的槽钢作为横向模板，坡脚模板应采用与混凝土厚度相

147

同的铝合金型材，通过连杆支撑固定在下部轨道。

（2）混凝土卸料前，宜采用少许水润下料槽和布料机传送带，卸料自由下落高度不应大于0.5m。

（3）采用滑膜衬砌机摊铺混凝土时，应检查振捣棒工作情况，确保混凝土不漏振、不欠振，不过振；局部用料不足时可由人工补料。

6.2.3　制缝施工

（1）纵向诱导缝平行渠道轴线方向，按设计要求布置。横向伸缩缝应每3m设置一道。混凝土摊铺完成后开启制缝机进行纵缝施工，纵缝施工完成后将进行横缝施工。纵缝、横缝呈十字交叉形布置。

（2）纵缝嵌缝材料宜使用高压闭孔板（规格50mm×5mm）横缝嵌缝材料宜由高压闭孔板和橡皮止水带组成。

（3）制缝时，操作制缝机升降控制系统装置，使台车刀架向混凝土表面方向移动，落位后开启振动电机，置缝刀将分缝材料嵌入到混凝土内部设计深度。开动置缝机，向诱导缝布设方向移动，分缝材料连续不断被置入混凝土内部，置缝台车的熨平板联同刀架同时振动，将分缝材料周边的混凝土振动密实、表面恢复成型。置缝机行进至衬砌断面末端时，人工剪断高压闭孔板，待高压闭孔板全部嵌入完毕后设备停止行走，置缝台车停机。

（4）纵缝施工完成后，将制缝机缝台车刀旋转90°，开启置缝机行走装置，移动置缝机至伸缩缝置缝起点处，整机定位。开启置缝机升降控制系统，将置缝台车刀头嵌入混凝土底部，开启置缝台车振动电机将分缝止水材料嵌入混凝土内部。置缝台车的熨平板联同台车刀架同时振动，将分缝材料周边的混凝土振动密实、表面恢复成型。置缝台车行进至混凝土断面末端时，限位装置会使台车及时停机，一道伸缩缝置缝工序完成。操控升降系统提起置缝台车，开启置缝机行驶至下道伸缩缝位置，重复上述操作步骤，完成下一道伸缩缝嵌缝施工。

6.2.4　表面成型施工

（1）接通主电源，开启整机行走系统按钮，整机定位，开动成型车至需要成型的初始位置并处于工作预备状态，按照试验段确定参数，调整设定成型机总成的行走速度。

（2）设定成型台车的频率为成型频率，辊体旋转；开启振动电机，开启升降装置，辊体缓慢下降至混凝土表面；开启成型机总成移动控制系统，辊体沿衬砌面往复运动，对衬砌面提浆整形。根据现场衬砌面提浆整形情况，上述过程可以重复多次，直至达到最佳效果。

（3）表面提浆整形完成后，停止辊体转动和振动。开启升降系统，调整辊体与混凝土表面距离，使辊体抹刀面下压混凝土表面，操作成型台车移动控制系统，使成型机总成向上单向移动，辊体抹刀对衬砌混凝土表面进行压光成型，成型台车行驶至衬砌面上端时限位开关动作，停止压光，完成单幅混凝土表面成型工序。该操作流程可以根据实际效果多次重复实施。

（4）操控成型机行走装置沿衬砌断面长度方向前行一幅，按照上述流程连续作业，成型机跟随在置缝机之后持续进行混凝土衬砌表面成型，实现衬砌混凝土表面成型快速作业。

6.2.5 成型及养护

（1）表面成型机完成作业后，人工对衬砌面边角收光成型不足的部位进行补强，进一步提升混凝土表面收光成型质量。混凝土表面人工辅助成型，采用自行式台车作为收光抹面平台，安排专人在台车上用钢抹子辅助收光。

（2）混凝土养护采用全封闭膜下喷灌养护技术，养护时间不少于 14d。养护期间设专人负责，并做好养护记录。低温环境下可采用蒸汽养护法以提高混凝土早期强度。

渠道弧形渠底衬砌混凝土机械化施工过程如图 6.4 所示。

升级改造完成后的渠道弧底梯形断面如图 6.5 所示。与原先渠道相比，该渠道在输水能力和抵抗冻胀变形方面得到了全面提升。2018—2019 年运行期间，升级改造完成后的渠道输水流量比原先提升了近 30%，同时在冬季停水期未见大面积冻害破坏，以往"衬砌大面积修缮"现象得到了根本好转。

（a）渠底戈壁料填筑　　　　　　　　　　（b）膜下砂浆

（c）塑模铺设　　　　　　　　　　（d）塑模焊接

图 6.4　渠道弧形渠底衬砌混凝土机械化施工过程

图 6.5　渠道弧底梯形断面

6.3 经济效益

在经济效益方面，各单位实际建设经费投入情况如下：

（1）中国水电建设集团十五工程局大规模使用了渠道升级改造一体化成套设备，完成衬砌施工总长为77.126km。其中衬砌面积为779600m²。混凝土衬砌有效工期120d，衬砌日用工60人。机械购置及制造费用748万元，具体为衬砌机、成型机、台车两套4台。实际单位面积工期1.5×10^{-4} d/m²；而在北疆某渠道Ⅳ标，仅使用了部分机械化（混凝土摊铺，抹面机抹面，切缝机切缝、灌胶机灌胶）施工技术，承建工程总长度为28.734km，渠道断面尺寸为：渠底6m，斜坡12.92m，渠肩0.5m，衬砌面积943625m²。有效工期12个月（去掉不能施工的月份），日平均用工80人。相比较而言，使用机械一体化施工成套技术后，大幅提升了施工进度（前者大概是后者施工速度的2.5倍）。

（2）中国水利水电第十六工程局有限公司，在示范工程建设中大规模使用了渠道升级改造一体化成套设备，在40.016km范围内渠段进行渠底及渠底以上0.557m范围的渠坡原预制板改为现浇混凝土。其中衬砌面积376860m²。混凝土衬砌有效工期120d，衬砌日用工30人。机械购置及制造费用293万元，具体为衬砌机、成型机、台车一套各2台；非示范段衬砌工程，使用传统的人工衬砌，工程总长23.4km，渠道加高斜坡4.04m，衬砌面积189072m²。有效工期4个月，日平均用工100人。与传统人工工艺相比，渠道排水体系升级改造一体化施工技术人工费大大节约，机械费有所增加，材料费大约相等，因此只考虑人工费和机械费，人工费按照200元计算，进行比较见下表6.2。可以看出，渠道排水体系升级改造一体化施工技术比传统的人工衬砌相比每平方节约投资$30.46-1.91-7.77=20.78$元，节约投资约$20.78 \times 376860 = 7831151$元。

表6.2 经济性分析

工程名称	衬砌面积/m²	工期/d	日平均用工/人	人工费/元	机械费/元	每平方人工费/元	每平方机械费/元
北疆某改扩建工程	376860	120	30	720000	2930000	1.91	7.77
某渠道加高衬砌	189072	120	240	5760000	0	30.46	0

（3）中石化胜利建设工程有限公司，在示范工程建设中大规模使用了渠道升级改造一体化成套设备，总计衬砌面积724460m²，每平方人工费1.99元、机械费8.92元；采用传统工艺施工时，每平方人工费5.75元、机械费6.27元。与传统的人工衬砌相比每平方节约投资27.09元，节约投资约19625621元。

该套用于寒区渠道升级改造的机械一体化施工技术，在保障建设质量的同时，大幅缩短了施工时间，显著降低了建设成本，得到了建设单位的一致好评。

6.4 本章小结

围绕旱寒区渠道快速化机械化施工、提高效率且降低工程造价的工程技术难题，项目组研发了高寒区渠道弧形渠底混凝土滑模衬砌机、高寒区渠道多功能混凝土表面成型机、高寒区多功能混凝土置缝机，形成一套适用于渠道快速化施工的施工工法。该套技术在保障建设质量的同时，大幅缩短了施工时间，显著降低了建设成本。

第7章　防冻胀技术的工程应用与效益分析

7.1　甘肃景电灌区总干渠工程示范

7.1.1　工程概况

景电灌区地处甘肃省的景泰、古浪两县境内，包括白墩子滩、边外滩、浸水滩、直滩、海子滩等地区，呈西北、东南向弧形狭长地带，东西长约70km²，南北最宽处仅20km²。灌区南倚青石洞山、红墩子南山、北沙砚山、东生掌山和秦家大山，北临腾格里沙漠和内蒙古自治区接壤，东接黑山、大格达山等低丘陵、西至大靖镇的陈家湾，灌区总面积约920km²。

灌区内气候干旱，降水少风沙大，地表径流贫乏，地下水主要受山区降水、暂时性沟道洪流及灌溉回归水入渗补给。灌区内除大靖河常年流水外，其余均为间歇性洪流干沟。灌区地处腾格里沙漠南缘，气温日变差大，降雨量稀少，蒸发量大，日照时间长，无霜期较短，风沙多，尤以春季为甚，属典型的大陆性气候。据资料统计，灌区多年平均气温为8.2℃，极端最高气温为36.6℃，极端最低气温−27.3℃，多年平均降水量为184.7mm，多年平均年蒸发量为3040mm，多年平均年日照时数为2715h，无霜期为190d。最大冻土深度为99cm，冻结日期一般开始于11月下旬，融冻日期一般结束于翌年3月上旬。历年最大积雪深度为11.0cm，降雪日期一般在10月下旬至次年4月下旬。

甘肃省景电工程输水总干渠及干渠全长150km左右，是整个灌区的输水大动脉，在保障灌区工程安全、完成灌溉输水任务，正常发挥工程效益方面具有基础性和决定性的功能和地位。景电工程是一项高扬程、大流量、多梯级电力提水灌溉工程。由于工程位于季节冻土地区，工程区土质为强冻胀性土，遇水还会发生崩解，在冬春季节冻融循环作用下常常发生严重的冻胀破坏以及土体融沉滑塌破坏现象。景电工程经过多年运行，渠道冻胀破坏严重，淤积、滑塌现象时有发生，渗漏水现象严重，而且随着渠道周边农田土壤含水量增大，渠道周围地下水位抬高，渠道侧向水补给增多，更加剧了渠道的冻胀和渗透破坏，渠系水利用系数以及农田灌溉效率逐步降低。

7.1.2　技术示范要点

景电灌区渠道多为梯形渠道，在冬春季节冻融循环作用下发生严重的冻胀的破坏，如图7.1所示。为减少渠道的冻胀破坏，结合5.1梁道"适膜"防冻胀技术，同时辅以块石换填技术。

7.1.3　"适膜"衬砌技术和块石换填衬砌改造技术应用

为了提高景电工程输水总干渠输水能力，最大限度延长灌区渠道工程使用寿命，结合

图 7.1　冻胀破坏照片

当地水文地质条件和土体特性采取经济合理的抗冻胀变形和融沉滑塌的措施对渠道衬砌进行改造。大量寒区工程经验与冻土理论研究表明，土体冻胀产生的原因是负温导致土体孔隙水冻结成冰后析出孔隙，随后未冻结区域水分向冻结区域迁移促使了析出冰厚度增加从而导致土体体积的膨胀，所以土体冻胀与负温、水分和土体孔隙结构三个因素相关。景电工程输水渠道平均地下水位于渠底以下 30cm，个别地段地下水位超出渠底并逸出，因此渠基土含水量接近饱和，加之红砂土较好的渗透性和松散的结构便于水分迁移和冰析出，最终形成了渠道的强冻胀和强融沉特性。封闭的块石换填层可以将地下水阻隔，减小了换填层含水量；依靠换填层较大的自重作用于下层土体，增加了孔隙冰析出的临界力从而降低了土体冻胀率；在换填层下方土体冻胀或融沉变形时，换填层较大的刚度抵抗了大部分变形量，从而可以减小作用与衬砌上的冻胀力；"适膜"防冻胀新结构可以减少衬砌与块石间的冻结力，减少块石地基对衬砌结构的约束，削减衬砌的冻胀破坏。基于此，设计了"适膜"衬砌以及块石换填基础土体和块石间进行挤密处理并充填砂浆形成封闭的衬砌抗冻胀融沉改造方案，如图 7.2 所示，其中双膜布设在衬砌与块石换填层之间。

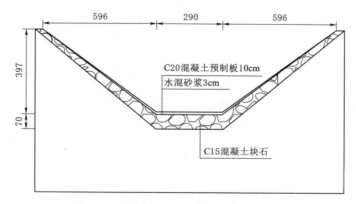

图 7.2　适膜与块石换填技术（单位：m）

衬砌改造于 2016 年 1 月 31 日完成，并于 3 月 5 日通水运行。为对改造后的渠道抗冻胀和融沉效果进行预测性评价，选取了原先地下水位较高且坍塌严重的渠段作为研究对象，在对该段渠道改造后，对渠道位移场、水分场和温度场进行监测（图7.3）。

图7.3 渠道改建与现场监测

经现场传感器监测，换填区含水量明显减小，但在渠底块石下方有承压水层，需增设排水措施。块石换填后较换填前渠道基础冻深略有增加，但是冻胀量明显减小，融化期基础沉降量可以忽略不计。在地下水浅埋和土体遇水软化的水文地质条件下，块石换填渠道具有优良的抗冻胀融沉效果。渠道衬砌板下方铺设土工膜后，衬砌与土体的接触摩擦力减弱，融化期土体的变形对衬砌的影响效应响应减弱，所以从外观上看衬砌结构的整体变形并不明显，说明双层复合土工膜的抗冻胀与融沉的效果显著。

位移监测结果表明，11月进入冻结期后土体开始冻胀，衬砌法向位移升高，直到2月到达峰值，然后开始融化使得衬砌法向位移减小。3—4月法向位移为负值的原因是渠基土融化。砂卵石换填渠道在冻结期（11月至来年2月）间渠底法向位移最大，渠坡最大法向位移分别是3.4cm、8.3cm、18.2cm和18.2cm；砂卵石换填后的衬砌板最大法向位移值分别是0.81cm、0.92cm、3.8cm和6.8cm，相对于换填之前分别减少了76%、89%、79%和62%。随着使用年限的增加，衬砌位移虽然会有累积和反复，但不会发生大的滑移变形。而且，因换填衬砌的刚度和自重较大，能够抵抗一定程度的冻胀变形，改造过后的渠道强度和稳定性均可满足设计要求（图7.4）。

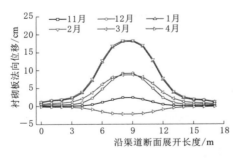 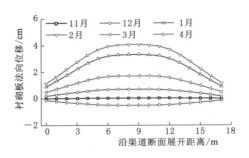

图7.4 砂卵石换填前后位移场沿断面

7.1.4 社会、经济和环境效益分析

1. 社会效益

甘肃景电渠道改造工程新技术提高了渠系工程的寿命，节省了工程维修投资；显著提

高了衬砌渠道的安全运行率,降低了破坏率,保证了输水率,从而在扩大了灌溉面积、节约了灌溉用水的同时使其他行业用水更为充裕,促进了水资源的合理开发利用,保证区域经济、社会的可持续发展;结合农田水利工程建设项目,为建设单位和设计单位提供成套成熟设计方案及技术,使季节性冻土地区渠道衬砌设计标准化,提高了设计效率。

2. 经济效益

甘肃省景泰川电力提灌工程应用的寒区适应冻胀为原则的双层薄膜渠道衬砌技术,评估表明可将寒旱区传统衬砌的使用年限从 1 年一修提高到 3~5 年一修,具有操作简单、工期短、造价低等优势,在北方灌区及电站引水渠道中的应用前景广阔。

3. 生态效益

渗漏严重的渠道附近土体地下水水位较高,随着土壤中水分的蒸发,造成了附近土壤的次生盐碱化。而采用抗冻胀措施,减少了渠道衬砌的冻胀破坏以及渠道的渗透损失,可以有效降低渠道附近地下水水位,改善了输水渠道沿线地带的土壤状况,有利于农作物和植被的生长。

7.1.5 本节小结

景电地区属于高寒地区,位于高寒地区的渠道往往容易受到冻土冻胀力的作用而产生鼓胀、拉裂等破坏,造成严重的渗漏损失,影响渠道输水功能的正常发挥。渠基冻土对衬砌结构的冻结约束作用不仅使衬砌板与渠基土的相对位移被冻结约束使衬砌板冻胀力增大,又使衬砌板对冻胀变形的适应性显著降低,导致结构下部呈现压弯组合变形,顶部呈现拉弯组合变形,不利于衬砌结构的安全。通过在衬砌下铺设两层防渗土工膜,利用膜间相对滑动起到消除冻结力约束的效果,从而达到消减法向冻胀力防止冻胀破坏的目的,因此,选取恰当摩擦约束的接触形式能确保衬砌结构的强度刚度稳定性安全协调。封闭的块石换填层可以将地下水阻隔,减小了换填层含水量;依靠换填层较大的自重作用于下层土体,增加了孔隙冰析出的临界力从而降低了土体冻胀率;在换填层下方土体冻胀或融沉变形时,换填层较大的刚度抵抗了大部分变形量,从而可以减小作用与衬砌上的冻胀力。景电灌区渠道改造工程中的新技术对于高寒地区渠道安全运行有着重要的借鉴意义,具有广阔的应用前景。

7.2 北疆总干渠工程示范

长距离供水工程是我国区域经济社会发展的重要支柱和命脉,是名副其实的生命线工程。我国的许多长距离调水工程修建于 20 世纪末期,受技术和材料的限制建设水平普遍不高,特别是位于寒冷地区的长距离输水渠道,极端寒冷、异常干旱、复杂地质环境等恶劣的自然条件,使得高寒地区渠道的供水时效与安全面临重大挑战。一些早期修建的干渠在运行过程中,冻融、渗漏、水胀等灾害越演越烈,渠道运行单位每年都需要耗费大量的人力、物力、财力进行维修和维护,许多渠道的输水能力已经不能适应社会经济发展和生态环境建设的用水需求,渠道的安全运行管理技术措施急需升级。

北疆供水工程一期从额尔齐斯河引水,解决乌鲁木齐经济区、天山东部矿区、北疆油田城市和工业用水问题，并兼顾沿线农牧业和生态用水的跨流域调水工程。北疆供水工程总干渠自"635 水库"至乌伦古河南岸的顶山分水枢纽，全长 136.34km。总干渠于 2001 年投入运行，设计年供水时间为 180d，但实际供水时间通常为每年 4 月下旬至 9 月下旬，约 140d，相比设计供水时间少 40d 左右。总干渠除尾部存在少数全填方渠道外，多以挖方和半挖半填为主。据有关部门统计，2014 年前工程每年发生病害的面积小于等于 6000m²，但 2015 年当年增加 1.2 万 m²，2016 年达到了 2 万 m²；2014 年全年滑坡破坏发生段总长为 1.35km，多为新滑坡，破坏时间多在秋、春两季。截止到 2017 年年底，总干渠已累计滑坡 28.5km。

　　该供水工程在功能、环境条件、地质条件等方面是具代表性的高寒区明渠供水工程，同时也是滑塌、渗漏、水胀、冻胀等各类破坏比较集中、输水效率受各类破坏影响较为突出的典型渠道，依托该工程开展高寒区供水渠道升级改造与维护示范。

7.2.1　技术示范要点

　　总干渠原渠道断面结构主要为平底梯形，渠底宽 4m，边坡 1:2，渠深为 5.4～5.6m，预制六棱块混凝土板衬砌，防渗采用光膜或两布一膜。该结构水力损失偏大，且易受冻胀作用影响导致输水时间无法保证，达不到区域日益增长的水资源配置需求。

　　针对传统渠道断面在寒区运行条件下水、沙、冰输送效率低，易淤积、成冰塞，同时对冻融变形适应能力差等设计短板，结合 4.6 节"水力＋抗冻胀"双优设计方法，通过建立的双目标优化模型和水-热-力耦合冻土冻胀模型，采用分层序列算法，计算得到了在经济实用、最大冻胀位移和最大结构拉应力约束条件下，满足最佳过水条件和最佳冻胀适用性双目标的最优设计参数组合。

7.2.2　渠道全断面优化改造示范

　　结合"水力＋抗冻胀"双优设计方法，经反复论证，提出在工程示范段对原有渠道采用"渠底改造＋贴坡加高"的渠道升级改造优化方案，通过对渠底进行弧底改造，同时在原有渠道上进行贴坡加高。原有渠道梯形断面如图 7.5 所示，渠道加高优化后的梯形断面和弧底梯形断面如图 7.6 和图 7.7 所示。经理论计算，设计流量可在原有基础上增加 30m³/s。与原设计相比，保证湿周最小范围内，衬砌最大冻胀应力减小 36.4%～52.7%，结构整体刚度减小 30%～48%，提高了其适应冻胀破坏的能力。

图 7.5　原有渠道梯形断面

　　结合第 6 章渠道机械化快速施工装备与技术体系，联合有关建设单位，开展了渠道升级改造示范应用工作。采用全断面升级改造技术，完成北疆大型供水渠道升级改造工程量超 134km，其中总干渠 30km，戈壁明渠Ⅰ标 70km，戈壁明渠Ⅱ标 70km。

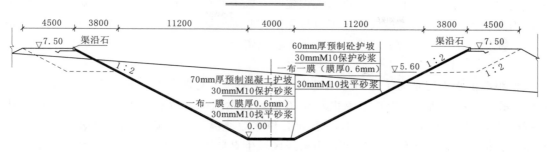

图 7.6 渠道加高优化后的梯形断面（单位：mm）

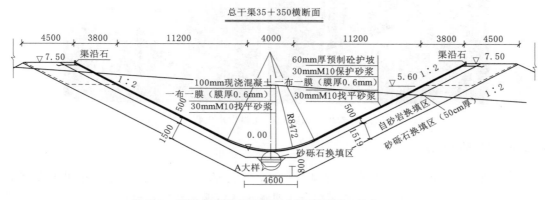

图 7.7 渠道加高优化后的弧底梯形断面（单位：mm）

升级改造完成后的渠道弧底梯形断面如图 7.8 所示。与原先渠道相比，该渠道在输水能力和抵抗冻胀变形方面得到了全面提升。2018—2019 年运行期间，升级改造完成后的渠道输水流量比原先提升了近 30%，同时在冬季停水期未见大面积冻害破坏，以往"衬砌大面积修缮"现象得到了根本好转。

图 7.8 升级改造完成后的渠道弧底梯形断面

7.2.3 社会、经济和环境效益分析

1. 社会效益

高寒区渠道工程升级改造技术除应用于北疆供水工程升级改造建设外，还可应用在各类寒区大型引调水工程建设及改造中，前景十分广阔，社会效益显著。可以预见，在新时期水利改革发展总基调要求下，无论是"西部大开发"战略，还是"一带一路"倡议，都涉及需适应时代背景的高寒区供水工程运行管理需求，相关技术必将发挥更大的作用。

2. 经济效益

受恶劣气候影响，北方寒区供水工程施工有效天数往往有限，而传统的施工方法存在劳动力资源短缺，施工难度大，施工质量无法控制等问题。该套技术在缩短工期 15～30d 同时，大幅节约了人工动力，显著降低了工程投资。

3. 生态效益

长距离供水工程是为了进行水资源的合理调配，本身即具有良好的生态效益。如图 7.9 所示，技术在新疆北疆长距离供水渠道得到应用以来，改造后的渠道过水流量提升 4～7m³/s，增加引水量 0.84 亿～1.3 亿 m³，供水效率提升 25% 以上。在显著提升工程输水能力、持续创造经济效益的同时，为沿线区域生态环境进行了大规模的补偿性供水，使得荒漠变成绿洲和良田，动植物资源日益丰富，生态环境效益显著。

图 7.9　沙漠绿洲-北疆供水工程

7.2.4　本节小结

我国西北地区的陕西、新疆、甘肃、宁夏，东北的黑龙江、吉林等省都属于高寒地区，而且很多地方都严重缺水，长距离调水是调配水资源不均的重要措施。由于冬季极端低温，工程的安全长期经受恶劣气候的影响，工程老化损毁和极端事件时有发生，严重影响供水效率与供水安全，影响人们的生产生活和社会稳定。渠道全断面升级改造技术，提高了工程供水能力，大大缓解了水资源的供需矛盾，保障了公共安全和社会经济可持续发展，社会效益显著，影响深远，具有广阔的应用前景。

7.3　本章小结

围绕高寒区长距离供水渠道安全保障与供水能力提升重大需求，运用现场调研、理论与试验研究、技术开发等多种手段，分别在甘肃景电灌区总干渠工程、北疆总干渠工程进行了示范，开展了系统的研究工作，主要结论如下：

（1）运用渠道的防渗抗冻胀标准化设计理论与方法，将提出的"抗冻胀＋水力最优"的渠道断面结构形式和抗冻设计方法、"适膜"及"适缝"技术等优化方法应用于现场试验，取得了非常不错的效果。

（2）研究成果已在甘肃景电灌区、北疆大型供水工程得到了广泛应用，升级改造渠道 100 多 km，改造后的渠道供水期每年可延长 1 个月，供水效率提升 25% 以上。同时，渠道各类破坏显著减少，突发险情应急处置能力明显提升。项目成果有力推动了相关领域的科技进步，具有极高的推广与应用价值。

参 考 文 献

［1］ 王正中，张长庆，沙际德．冻土与扩大台基相互作用的有限元分析[J].西北农业大学学报，1998（5）：12－17.

［2］ 王正中，沙际德，蒋允静，等．正交各向异性冻土与建筑物相互作用的非线性有限元分析[J].土木工程学报，1999（3）：55－60.

［3］ 王正中，万斌，姬红云，等．混凝土渠道衬砌底板裂缝的计算与探讨[J].干旱地区农业研究，2003（3）：78－81.

［4］ 吴普特，范兴科，牛文全．渠灌类型区农业高效用水模式与工程示范[J].农业工程学报，2003（6）：36－40.

［5］ 王正中．梯形渠道砼衬砌冻胀破坏的力学模型研究[J].农业工程学报，2004（3）：24－29.

［6］ 王正中．冻土横观各向同性非线性本构模型的实验研究[A].中国水利学会岩土力学专业委员会．第一届中国水利水电岩土力学与工程学术讨论会论文集（上册）[C].中国水利学会岩土力学专业委员会：中国水利学会，2006：3.

［7］ 张茹，王正中．季节性冻土地区衬砌渠道冻胀防治技术研究进展[J].干旱地区农业研究，2007（3）：236－240.

［8］ 郭利霞，王正中，李甲林，等．梯形与准梯形渠道冻胀有限元分析[J].节水灌溉，2007（4）：44－47，50.

［9］ 王正中，袁驷，陈涛．冻土横观各向同性非线性本构模型的实验研究[J].岩土工程学报，2007（8）：1215－1218.

［10］ 王正中，李甲林，陈涛，等．弧底梯形渠道砼衬砌冻胀破坏的力学模型研究[J].农业工程学报，2008（1）：18－23.

［11］ 辛英华，王正中．U形衬砌渠道结构及水力最佳断面的分析[J].节水灌溉，2008（2）：36－38，45.

［12］ 王正中，牟声远，牛永红，等．横观各向同性冻土弹性常数及强度预测[J].岩土力学，2008，29（S1）：475－480.

［13］ 王正中．横观各向同性冻土弹性常数及强度预测[A].中国水利学会岩土力学专业委员会．第二届中国水利水电岩土力学与工程学术讨论会论文集（一）[C].中国水利学会岩土力学专业委员会：中国水利学会，2008：6.

［14］ 张茹，王正中，陈涛，等．基于非对称冻胀破坏的大U形混凝土衬砌渠道力学模型[J].西北农林科技大学学报（自然科学版），2008（11）：217－223.

［15］ 王正中，芦琴，郭利霞，等．基于昼夜温度变化的混凝土衬砌渠道冻胀有限元分析[J].农业工程学报，2009，25（7）：1－7.

［16］ 芦琴，刘计良，王正中，等．弧形坡脚梯形渠道砼衬砌冻胀破坏的力学模型研究[J].西北农林科技大学学报（自然科学版），2009，37（12）：213－217.

［17］ 刘旭东，王正中，陈立杰．渠道冻胀敏感性数值模拟分析[J].节水灌溉，2010（5）：18－21，27.

［18］ 王正中，芦琴，郭利霞．考虑太阳热辐射的混凝土衬砌渠道冻胀数值模拟[J].排灌机械工程学报，2010，28（5）：455－460.

［19］ 芦琴，王正中，刘计良，等．弧脚梯形衬砌渠道抗冻胀及水力合理断面的分析[J].西北农林科技大学学报（自然科学版），2010，38（1）：231－234.

［20］ 陈立杰，王正中，蔡雪雁．基于夹杂体本构理论的混凝土渠道冻胀模拟[J].路基工程，2011

（5）：7 - 10.

［21］ 冷畅俭，王正中. 三次抛物线形渠道断面收缩水深的计算公式[J]. 长江科学院院报，2011，28（4）：29 - 31，35.

［22］ 孙杲辰，王正中，娄宗科，等. 高地下水位弧底梯形渠道混凝土衬砌冻胀破坏力学模型探讨[J]. 西北农林科技大学学报（自然科学版），2012，40（12）：201 - 206，213.

［23］ 孙杲辰，王正中，王文杰，等. 梯形渠道砼衬砌体冻胀破坏断裂力学模型及应用[J]. 农业工程学报，2013，29（8）：108 - 114.

［24］ 孙杲辰，王正中，李爽，等. 反演梯形渠道砼衬砌体表面温度的太阳辐射模型[J]. 长江科学院院报，2013，30（6）：90 - 94.

［25］ 冷畅俭，王羿，王正中. 抛物线形断面渠道共轭水深的直接计算公式[J]. 排灌机械工程学报，2013，31（2）：132 - 136，141.

［26］ 安元，王正中，杨晓松，等. 太阳辐射作用下冻结期衬砌渠道温度场分析[J]. 西北农林科技大学学报（自然科学版），2013，41（3）：228 - 234.

［27］ 赵延风，王正中，刘计良. 抛物线类渠道断面收缩水深的计算通式[J]. 水力发电学报，2013，32（1）：126 - 131.

［28］ 李爽，王正中，高兰兰，等. 考虑混凝土衬砌板与冻土接触非线性的渠道冻胀数值模拟[J]. 水利学报，2014，45（4）：497 - 503.

［29］ 郭瑞，王正中，刘月，等. 基于双 K 断裂准则的 U 形混凝土衬砌渠道冻胀破坏力学模型研究[J]. 长江科学院院报，2015，32（12）：103 - 108.

［30］ 石娇，王正中，张丰丽，等. 高地下水位弧底梯形混凝土衬砌渠道冻胀断裂破坏力学模型及应用[J]. 西北农林科技大学学报（自然科学版），2015，43（1）：213 - 219.

［31］ 刘月，王正中，王羿，等. 考虑水分迁移及相变对温度场影响的渠道冻胀模型[J]. 农业工程学报，2016，32（17）：83 - 88.

［32］ 肖旻，王正中，刘铨鸿，等. 开放系统预制混凝土梯形渠道冻胀破坏力学模型及验证[J]. 农业工程学报，2016，32（19）：100 - 105.

［33］ 肖旻，王正中，刘铨鸿，等. 考虑地下水位影响的现浇混凝土梯形渠道冻胀破坏力学分析[J]. 农业工程学报，2017，33（11）：91 - 97.

［34］ 肖旻，王正中，刘铨鸿，等. 考虑冻土与结构相互作用的梯形渠道冻胀破坏弹性地基梁模型[J]. 水利学报，2017，48（10）：1229 - 1239.

［35］ 肖旻，王正中，刘铨鸿，等. 考虑冻土双向冻胀与衬砌板冻缩的大型渠道冻胀力学模型[J]. 农业工程学报，2018，34（8）：100 - 108.

［36］ 王正中，陈柏儒，王羿，等. 平底抛物线形复合渠道水力最佳断面及实用经济断面统一设计方法[J]. 水利学报，2018，49（12）：1460 - 1470.

［37］ 王羿，刘瑾程，刘铨鸿，等. 温-水-土-结构耦合作用下寒区梯形衬砌渠道结构形体优化[J]. 清华大学学报（自然科学版），2019，59（8）：645 - 654.

［38］ 李宗利，姚希望，杨乐，等. 基于弹性地基梁理论的梯形渠道混凝土衬砌冻胀力学模型[J]. 农业工程学报，2019，35（15）：110 - 118.

［39］ 葛建锐，王正中，牛永红，等. 冰盖输水衬砌渠道冰冻破坏统一力学模型[J]. 农业工程学报，2020，36（1）：90 - 98.

［40］ 葛建锐，牛永红，王正中，等. 考虑冰盖生消和冰-结构-冻土协同作用的渠道弹性地基梁模型[J]. 水利学报，2021，52（2）：215 - 228.

［41］ 陈涛，王正中，张爱军. 大 U 形渠道冻胀机理试验研究[J]. 灌溉排水学报，2006（2）：8 - 11.

［42］ 蔡正银，吴志强，黄英豪，等. 含水率和含盐量对冻土无侧限抗压强度影响的试验研究[J]. 岩土工程学报，2014，36（9）：1580 - 1586.

［43］ 杨晓松，杨保存，王正中，等．考虑太阳辐射的寒区混凝土衬砌渠道冻害机理[J]．长江科学院院报，2016，33（6）：41－46，52.

［44］ 张晨，蔡正银，黄英豪，等．输水渠道冻胀离心模拟试验[J]．岩土工程学报，2016，38（1）：109－117.

［45］ 蔡正银，吴志强，黄英豪，等．北疆渠道基土盐-冻胀特性的试验研究[J]．水利学报，2016，47（7）：900－906.

［46］ 蔡正银，张晨，黄英豪．冻土离心模拟技术研究进展[J]．水利学报，2017，48（4）：398－407.

［47］ 张晨，蔡正银，徐光明，等．冻土离心模型试验相似准则分析[J]．岩土力学，2018，39（4）：1236－1244.

［48］ 王羿，王正中，刘铨鸿，等．寒区输水渠道衬砌与冻土相互作用的冻胀破坏试验研究[J]．岩土工程学报，2018，40（10）：1799－1808.

［49］ 王正中，刘少军，王羿，等．寒区弧底梯形衬砌渠道冻胀破坏的尺寸效应研究[J]．水利学报，2018，49（7）：803－813.

［50］ 朱洵，蔡正银，黄英豪，等．湿干冻融耦合循环作用下膨胀土力学特性及损伤演化规律研究[J]．岩石力学与工程学报，2019，38（6）：1233－1241.

［51］ 蔡正银，朱洵，黄英豪，等．冻融过程对膨胀土裂隙演化特征的影响[J]．岩土力学，2019，40（12）：4555－4563

［52］ 蔡正银，朱洵，黄英豪，等．湿干冻融耦合循环作用下膨胀土裂隙演化规律[J]．岩土工程学报，2019，41（8）：1381－1389.

［53］ 蔡正银，陈皓，黄英豪，等．考虑干湿循环作用的膨胀土渠道边坡破坏机理研究[J]．岩土工程学报，2019，41（11）：1977－1982.

［54］ 朱洵，李国英，蔡正银，等．湿干循环下膨胀土渠道边坡的破坏模式及稳定性[J]．农业工程学报，2020，36（4）：159－167.

［55］ 朱洵，蔡正银，黄英豪，等．湿干冻融耦合循环及干密度对膨胀土力学特性影响的试验研究[J]．水利学报，2020，51（3）：286－294.

［56］ 李甲林，王正中，杜成义．高地下水位区灌溉渠道滤透式刚柔耦合衬护结构试验研究[J]．灌溉排水学报，2005（5）：63－66.

［57］ 李甲林，王正中，杜成义．渠道滤透式刚柔耦合衬护结构经济特性分析[J]．灌溉排水学报，2006（2）：58－60，64.

［58］ 曹四伟，王正中，李光宇，等．抗冻混凝土外加剂掺量的合理化探讨[J]．节水灌溉，2007（2）：69－71.

［59］ 曹四伟，王正中，罗岚．高抗冻混凝土的研究与应用[J]．西北农林科技大学学报（自然科学版），2008（3）：223－227，234.

［60］ 王正中，刘旭东，陈立杰，等．刚性衬砌渠道不同纵缝削减冻胀效果的数值模拟[J]．农业工程学报，2009，25（11）：1－7.

［61］ 陈立杰，王正中，刘旭东，等．高地下水位灌排渠道衬砌结构抗冻胀数值模拟[J]．长江科学院院报，2009，26（9）：66－70.

［62］ 王正中，陈立杰，牟声远，等．聚合物涂层与沥青混凝土衬砌渠道冻胀模拟[J]．辽宁工程技术大学学报（自然科学版），2009，28（6）：961－964.

［63］ 刘旭东，王正中，闫长城，等．基于数值模拟的"适变断面"衬砌渠道抗冻胀机理探讨[J]．农业工程学报，2010，26（12）：6－12.

［64］ 张茹，王正中，牟声远，等．基于横观各向同性冻土的U形渠道冻胀数值模拟[J]．应用基础与工程科学学报，2010，18（5）：773－783.

［65］ 刘旭东，王正中，闫长城，等．基于数值模拟的"双层薄膜"防渗衬砌渠道抗冻胀机理探讨[J].

农业工程学报，2011，27（1）：29-35.

[66] 闫长城，王正中，刘旭东，等．季节性冻土区玻璃钢防渗渠道抗冻胀性能初探[J]．人民黄河，2011，33（3）：140-142.

[67] 王文杰，王正中，李爽，等．季节冻土区衬砌渠道换填措施防冻胀数值模拟[J]．干旱地区农业研究，2013，31（6）：83-89.

[68] 郭瑞，王正中，牛永红，等．基于TCR传热原理的混凝土复合保温衬砌渠道防冻胀效果研究[J]．农业工程学报，2015，31（20）：101-106.

[69] 刘月，王正中，李甲林，等．景电工程干渠块石换填措施抗冻融效果评价[J]．人民黄河，2018，40（4）：147-149，156.

[70] 王羿，王正中，刘铨鸿，等．基于弹性薄层接触模型研究衬砌渠道双膜防冻胀布设[J]．农业工程学报，2019，35（12）：133-141.

[71] 江浩源，王正中，王羿，等．大型弧底梯形渠道"适缝"防冻胀机理及应用研究[J]．水利学报，2019，50（8）：947-959.

[72] 江浩源，王正中，刘铨鸿，等．考虑太阳辐射的寒区衬砌渠道水-热-力耦合冻胀模型与应用[J]．水利学报，2021，52（5）：589-602.

[73] 王正中．梯形明渠临界水深计算公式探讨[J]．长江科学院院报，1995（2）：78-80.

[74] 王正中，雷天朝，宋松柏，等．梯形断面收缩水深计算的迭代法[J]．长江科学院院报，1997（3）：16-19.

[75] 王正中，席跟战，宋松柏，等．梯形明渠正常水深直接计算公式[J]．长江科学院院报，1998（6）：2-4，8.

[76] 王正中，袁驷，武成烈．再论梯形明渠临界水深计算法[J]．水利学报，1999（4）：15-18.

[77] 王正中，宋松柏，王世民．弧底梯形明渠正常水深的直接算法[J]．长江科学院院报，1999（4）：32-35.

[78] 王正中，陈涛，万斌，等．圆形断面临界水深的新近似计算公式[J]．长江科学院院报，2004（2）：1-2，9.

[79] 王正中，陈涛，张新民，等．城门洞形断面隧洞临界水深度的近似算法[J]．清华大学学报（自然科学版），2004（6）：812-814.

[80] 王正中，申永康，彭元平，等．弧底梯形明渠临界水深的直接算法[J]．长江科学院院报，2005，（3）：6-8.

[81] 王正中，陈涛，芦琴，等．马蹄形断面隧洞临界水深的直接计算[J]．水力发电学报，2005（5）：95-98.

[82] 王正中，陈涛，万斌，等．明渠临界水深计算方法总论[J]．西北农林科技大学学报（自然科学版），2006（1）：155-161.

[83] 王正中，芦琴，冷畅俭，等．复式梯形断面临界水深计算公式[J]．长江科学院院报，2006（5）：58-60.

[84] 赵延风，王正中，张宽地．梯形明渠临界水深的直接计算方法[J]．山东大学学报（工学版），2007（6）：101-105.

[85] 赵延风，王正中，许景辉，等．Matlab语言在梯形明渠水力计算中的应用[J]．节水灌溉，2008（4）：38-40，47.

[86] 赵延风，王正中，孟秦倩．无压流圆形断面收缩水深的近似计算公式[J]．三峡大学学报（自然科学版），2009，31（1）：6-8.

[87] 赵延风，祝晗英，王正中，等．梯形明渠正常水深的直接计算方法[J]．西北农林科技大学学报（自然科学版），2009，37（4）：220-224.

[88] 赵延风，王正中，芦琴，等．梯形明渠水跃共轭水深的直接计算方法[J]．山东大学学报（工学

版），2009，39（2）：131－136，150.

［89］ 赵延风，王正中，芦琴. 梯形断面收缩水深的直接计算公式[J]. 农业工程学报，2009，25（8）：24－27.

［90］ 张宽地，吕宏兴，王正中，等. 用模式搜索算法求解梯形明渠正常水深[J]. 长江科学院院报，2009，26（9）：25－28，34.

［91］ 芦琴，王正中，任武刚. 抛物线形渠道收缩水深简捷计算公式[J]. 干旱地区农业研究，2007（2）：134－136.

［92］ 辛英华，王正中. U 形衬砌渠道结构及水力最佳断面的分析[J]. 节水灌溉，2008（2）：36－38，45.

［93］ 王正中，王羿，赵延风，等. 抛物线断面河渠收缩水深的直接计算公式[J]. 武汉大学学报（工学版），2011，44（2）：175－177，191.

［94］ 李蕊，王正中，张宽地，等. 梯形明渠共轭水深计算方法[J]. 长江科学院院报，2012，29（11）：33－36.

［95］ 陈柏儒，王羿，赵延风，等. 抛物线类渠道水力最佳及实用经济断面统一设计方法[J]. 灌溉排水学报，2018，37（9）：91－99.

［96］ 王正中，陈柏儒，王羿，等. 平底抛物线形复合渠道水力最佳断面及实用经济断面统一设计方法[J]. 水利学报，2018，49（12）：1460－1470.

［97］ WANG Z Z. Formula for calculating critical depth of trapezoidal open channel [J]. Journal of Hydraulic Engineering （ASCE），1998，124（1）：90－91.

［98］ LIU J L，WANG Z Z，FANG X. Computing conjugate depths in trapezoidal channels[J]. Water Management，2012，165（9）：507－512.

［99］ ZHAO Y F，LIU J I，WANG Z Z，Calculation method for conjugate depths in quadratic parabolic channels[J]. . Flow Measurement and Instrumentation，2016，50：197－200.

［100］ CHEN B，WANG Z Z，LIU Jiliang，et al. Exact Solution of Optimum Hydraulic Horizontal－Bottomed Power－Law section with General Exponent Parameter[J]. Flow Measurement and Instrumentation，2019，（65）：166－173.

［101］ LIU Q H，WANG Z Z，LI Z C，et al. Transversely isotropic frost heave modeling with heat－moisture－deformation coupling[J]. Acta Geotechnica，2020，15（5）：1273－1287.

［102］ 李甲林，王正中. 渠道衬砌冻胀破坏力学模型及防冻胀结构［M］. 北京：中国水利水电出版社，2013.

［103］ 何武全. 渠道衬砌与防渗工程技术手册［M］. 北京：中国水利水电出版社，2015.